우리 아이 처음 배우는
식물 백과

글 해바라기 기획

해바라기 기획은 어린이 눈높이에 맞춰 어린이 책을 기획하고, 원고를 쓰고 있습니다.
그동안 펴낸 책으로는 『1학년이 보는 과학 이야기』 『저학년이 보는 과학 이야기』 『1학년이 보는 속담 이야기』 『저학년이 보는 인체 이야기』 등이 있습니다.

그림 김진경

대학교에서 동양화를 전공하고 아이들을 가르치다가 아이들을 위한 그림을 그리기 시작했습니다.
그동안 그림을 그린 작품으로는 『3학년을 위한 백과사전』 『남대천에 연어가 올라오고 있어요』 『과학 동화』 『식물도감』 『눈의 여왕』 『20년 후』 『선녀와 나무꾼』 『용서』 『1학년이 보는 속담 이야기』 『저학년이 보는 우주 이야기』 『저학년이 보는 곤충 이야기』 『저학년이 보는 공룡 이야기』 등이 있습니다.

그림 김은경

서울산업대학교 시각디자인학과를 졸업하였습니다. 2001년 SOKI 국제 일러스트 공모전에서 입상하였으며, 2003년 디자인 진흥원 패키지 공모전에서 장려상을 수상하였습니다.
아이들이 자신의 그림을 보고 많은 것을 공감할 수 있는 그림을 그리기 위해 늘 노력하고 있습니다.
현재 프리랜서 작가로 활동하고 있으며 그린 책으로는 『모래톱 이야기』 『심청전』 『역사 인물 9인』 『임금님의 하루』 『로봇』 『1학년이 보는 수수께끼』 등이 있습니다.

우리 아이 처음 배우는 식물 백과

글 해바라기 기획 / 그림 김진경 · 김은경

my friend 토피

식물백과를 시작하며

우리가 사는 지구에는 여러 종류의 생물이 있어요. 그 가운데 평생 움직이지 않고 태어난 곳에서 자라고, 죽고, 대부분 초록색을 띠며, 살아가는 데 필요한 영양분을 잎에서 스스로 만들어 살아가는 생명체를 식물이라고 해요.

우리가 아는 식물을 한번 떠올려 볼까요?

화단에 피어 있는

꽃, 길가에 나 있는 풀, 푸르게 숲을
이루고 있는 나무 등등…….
식물은 종류도 많고 사는 모습도 서로 달라요.
땅에서 사는 식물이 있는가 하면, 물에서 사는
식물도 있어요. 한 해만 사는
식물이 있는가 하면, 여러
해 동안 사는 식물도 있어요.
참 신기하지요? 몸도
움직이지 못하는
식물이 어떻게

지구상에서 사라지지 않고 대를 이어
살고 있을까요? 어떻게 자손을 퍼뜨려
우리에게 끊임없이 아름다운
초록색을 보여 주는 걸까요?
식물에 대한 궁금증은 이뿐만이 아니에요.

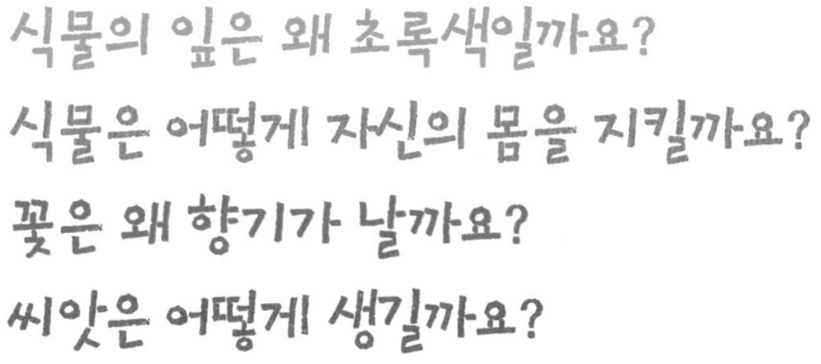

식물의 잎은 왜 초록색일까요?

식물은 어떻게 자신의 몸을 지킬까요?

꽃은 왜 향기가 날까요?

씨앗은 어떻게 생길까요?

식물을 보고 있으면 "왜 그럴까?" 하는 의문이 샘처럼 솟아나요. 여러분도 그러한가요?

그렇다면 지금부터 이러한 궁금증들을 하나하나 풀어 보아요. 자, 준비되었나요?

그럼 지금부터 초록색 식물 나라로 우리 모두 출발!

1. 식물이 뭐예요? • 20

2. 식물과 동물은 어떻게 달라요? • 22

3. 식물은 어떻게 생겨났나요? • 24

4. 식물은 어떻게 나누나요? • 26

5. 식물의 각 부분은 어떤 일을 하나요? • 28

6. 식물은 어디에서 자라나요? • 30

7. 식물은 왜 위로 자라나요? • 31

8. 식물이 주는 도움은 무엇인가요? • 32

9. 식물도 숨을 쉬나요? • 34

10. 식물도 잠을 자나요? • 36

11. 식물은 무엇을 먹나요? • 38

12. 식물도 혈액형이 있을까요? • 40

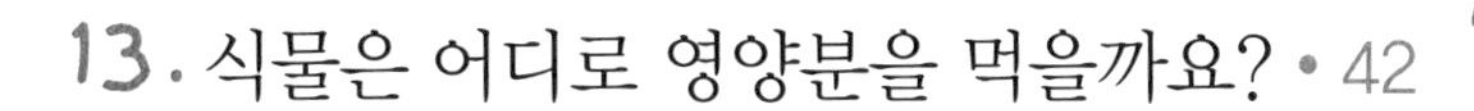

13. 식물은 어디로 영양분을 먹을까요? • 42

14. 식물의 잎은 왜 초록색인가요? • 44

15. 식물 이름은 어떻게 짓나요? • 46

16. 물속에서 사는 식물도 있나요? • 48

17. 물속에 사는 식물은 어떻게 숨을 쉬나요? • 50

18. 바다 속에 사는 식물도 있나요? • 52

19. 식물은 어떻게 자신의 몸을 지키나요? • 54

20. 식물은 어떻게 봄마다 싹을 틔우나요? • 56

21. 남극처럼 추운 곳에도 식물이 사나요? • 58

22. 식물도 감각이 있나요? • 60

꽃과 씨앗 이야기

23. 꽃은 왜 피나요? • 64

24. 꽃 색깔은 왜 여러 가지인가요? • 66

25. 꽃은 왜 향기가 나나요? • 68

26. 꽃은 왜 시드나요? • 70

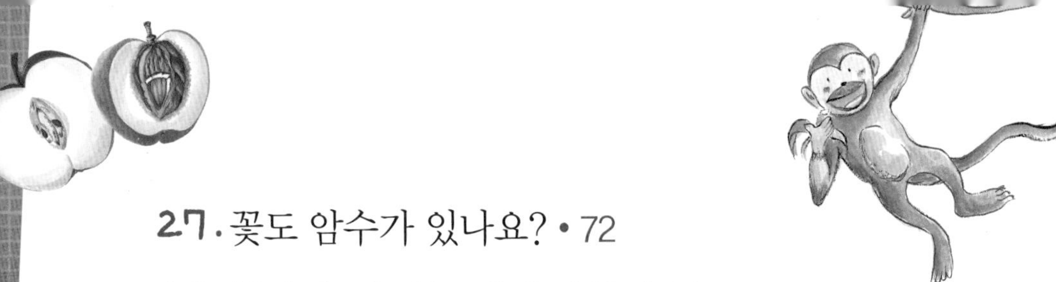

27. 꽃도 암수가 있나요? • 72

28. 꽃마다 왜 피는 때가 다른가요? • 74

29. 꽃이 피지 않는 식물도 있나요? • 76

30. 꽃잎이 없는 꽃도 있나요? • 78

31. 밤에는 왜 꽃잎이 오므라들까요? • 80

32. 달맞이꽃은 왜 밤에 피나요? • 82

33. 해바라기는 정말 해를 따라 도나요? • 84

34. 꽃가루는 누가 전해 주나요? • 86

35. 씨앗은 어떻게 생기나요? • 88

36. 열매는 무슨 일을 하나요? • 89

37. 씨앗은 무엇으로 이루어져 있나요? • 90

38. 식물은 어떻게 씨앗을 퍼뜨리나요? • 92

39. 씨앗은 어떻게 싹을 틔우나요? • 94

40. 씨앗으로 번식하지 않는 식물도 있나요? • 96

41. 바나나는 왜 씨가 없나요? • 98

42. 나무와 풀은 어떻게 달라요? • 102

43. 나무도 암수가 있나요? • 104

44. 나무의 나이는 어떻게 알 수 있나요? • 106

45. 상처가 난 나무에서 왜 진이 나오나요? • 108

46. 상록수는 왜 겨울에도 잎이 초록색인가요? • 110

47. 활엽수는 뭐고 침엽수는 뭐예요? • 112

48. 나무마다 왜 잎 모양이 다른가요? • 114

49. 나뭇잎은 가을이면 왜 물이 드나요? • 116

50. 나무는 왜 겨울이면 잎이 다 떨어지나요? • 118

51. 나무껍질은 왜 있나요? • 120

52. 나무껍질은 왜 벗겨지나요? • 122

53. 나무도 사랑을 하나요? • 125

54. 옻나무를 만지면 왜 가려운가요? • 126

55. 나무는 얼마나 오래 살 수 있나요? • 128

56. 단풍나무 수액은 왜 단가요? • 130
57. 겨울에도 나무 속의 수분은 왜 얼지 않나요? • 132
58. 가지치기는 왜 하나요? • 134
59. 산림욕이 뭐예요? • 136

알쏭달쏭한 식물 이야기

60. 이 세상에서 가장 큰 꽃은 무엇인가요? • 140
61. 식물도 음악을 들을 수 있나요? • 142
62. 꽃말은 어떻게 짓나요? • 144
63. 감자와 고구마는 뿌리예요, 줄기예요? • 146
64. 겨울이면 왜 나무줄기에 짚을 두르나요? • 148
65. 연근은 왜 구멍이 뚫려 있나요? • 150
66. 상추를 먹으면 왜 졸려요? • 151
67. 세상에서 가장 큰 나무는 무엇인가요? • 152
68. 벌레를 잡아먹는 식물은 뭐예요? • 154
69. 고추는 왜 매운가요? • 156

70. 식물도 스스로 체온 조절을 하나요? • 158

71. 뿌리 없는 식물도 있나요? • 160

72. 움직이는 식물도 있나요? • 162

73. 새끼를 낳는 식물도 있나요? • 164

74. 버섯도 식물인가요? • 166

75. 꽃가루 알레르기가 뭐예요? • 168

76. 감자 싹을 먹으면 왜 안 되나요? • 170

77. 산세비에리아가 공기를 깨끗하게 하나요? • 172

78. 봄이 되면 제일 먼저 피는 꽃은 무엇인가요? • 174

79. 갈대와 억새는 어떻게 다른가요? • 176

80. 양파는 줄기인가요, 잎인가요? • 178

81. 선인장에는 왜 가시가 있나요? • 180

82. 풀 중에서 키가 가장 큰 풀은 무엇일까요? • 182

83. 대나무는 꽃이 피지 않나요? • 184

84. 물탱크라는 별명을 가진 나무는 무엇인가요? • 186

식물이란 무엇일까요?

나무, 풀, 꽃…….
우리 주위에서 흔하게 볼 수 있는
것들이에요. 바로 식물이지요.
그런데 여러분은 식물에 대해
얼마나 알고 있나요?
잘 모르겠다고요? 그렇다면 지금부터
꼼꼼하게 살펴보아요!

01 식물이 뭐예요?

나무, 풀, 꽃, 배추, 상추…….

우리 주위에서 흔히 볼 수 있는 것들이에요.

바로 식물이지요. 그럼 도대체 식물이란

무엇일까요? 어떤 특징을 가지고 있을까요?

식물은 평생 움직이지 않고 태어난 곳에서

자라고 태어난 곳에서 죽어요.

대부분 잎은 초록색을 띠지요.

살아가는 데 필요한 영양분은, 잎이 햇빛을

이용하여 공기 중에서 빨아들인 이산화탄소와

뿌리로 빨아들인 물로 스스로 만들고,

세포막 바깥쪽에 세포벽이 있답니다.

식물과 동물은 어떻게 달라요?

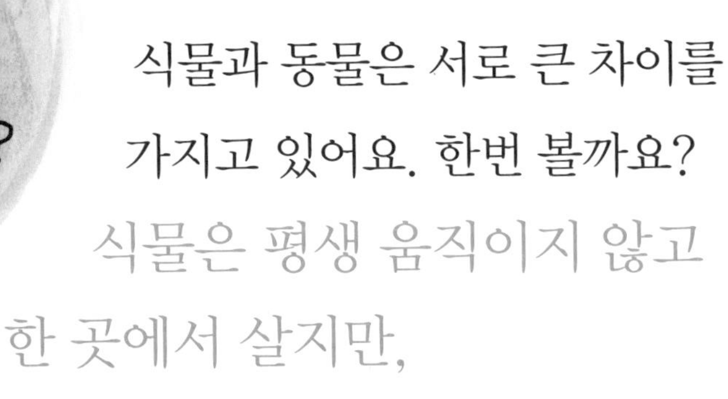

식물과 동물은 서로 큰 차이를
가지고 있어요. 한번 볼까요?
식물은 평생 움직이지 않고
한 곳에서 살지만,
동물은 다리가 있어서 어디든
마음대로 갈 수 있어요.
또 식물은 광합성을 하여
스스로 영양분을 만들어
살지만, 동물은 먹이를 구해

입으로 먹지 않으면
살 수 없어요.
식물은 죽을 때까지 계속 자라지만,
동물은 어느 정도 자라면
더 이상 자라지 않고 멈추어요.
어때요? 이제 식물과 동물의
차이를 확실히 알았지요?

식물은 어떻게 생겨났나요?

맨 처음 지구에는 식물이 없었어요.

그런데 30억 년 전쯤에 햇빛을 적게 받아도 살 수 있는 세균이 바다 속에 생겼어요.

그 뒤 광합성을 하는 다시마, 미역과 같은 조류가 생겼답니다.

조류가 광합성을 하자 지구에는 산소가 많아졌어요.

그러자 식물은 좀 더 복잡한 구조를 가진 것들로 진화하기 시작했어요.

조류는
육지와 가까운 물가로 올라와
이끼류가 되었어요. 이끼류가 더 진화하자
뿌리, 줄기, 잎이 발달한 고사리류가
육지 곳곳에 나타났어요. 고사리류는
소나무, 잣나무, 은행나무처럼
씨가 겉에 보이는 겉씨식물로
진화하였고, 세월이 흘러 겉씨식물은
감나무, 밤나무처럼 씨를 속에 감추고
있는 속씨식물로 진화하여
오늘에 이르렀답니다.

04 식물은 어떻게 나누나요?

지구에 있는 식물은 35만 종이 넘어요. 어마어마하게 많지요? 이들을 한눈에 쏙 들어오게 분류하는 방법이 있어요. 꽃을 피우고 열매를 맺어 대를 이어 가느냐 그렇지 않느냐에 따라 나누는 방법이지요. 꽃을 피우고 열매(씨앗)를 맺어 대를 이어 가는 식물을 꽃식물(종자 식물)이라 하고,

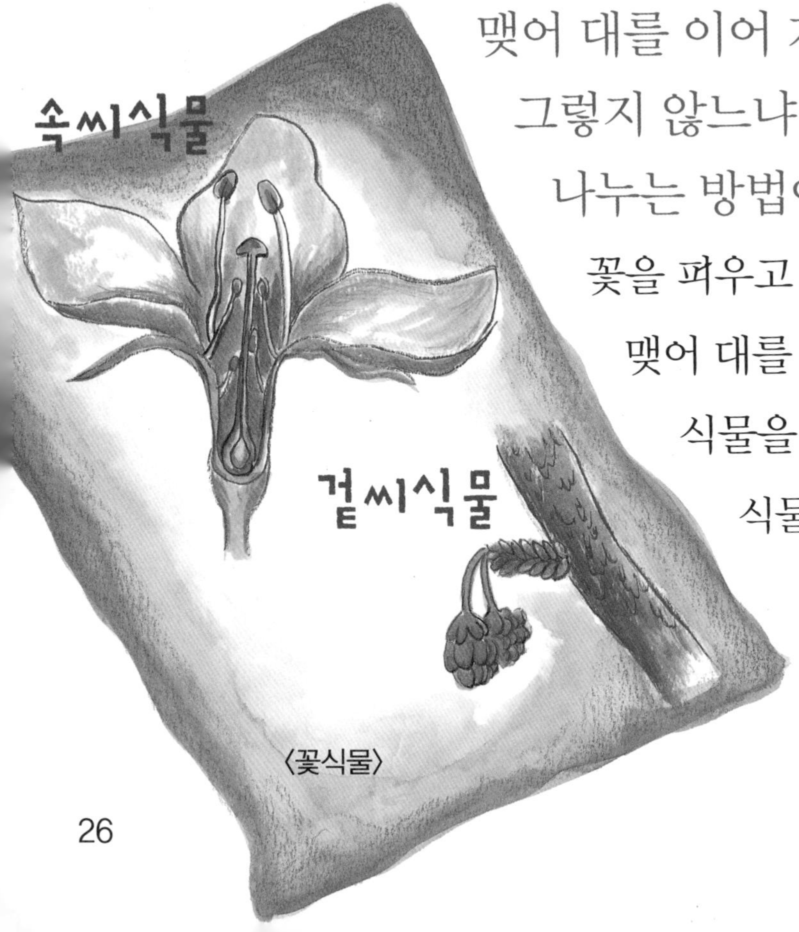

속씨식물

겉씨식물

〈꽃식물〉

곰팡이류

〈민꽃식물〉

꽃이 피지 않고
포자로만 대를 이어 가는
식물을 민꽃식물이라고
해요. 꽃식물에는 지구의 식물
대부분이 포함되어요. 민꽃식물은
고사리류와 이끼류, 곰팡이, 미역, 김,
다시마와 같은 조류 등이에요.
꽃식물은 다시 꽃받침이 있고
씨앗이 씨방 속에 있는 속씨식물과
꽃받침과 씨방이 없어서
씨앗이 밖으로 드러나 있는
겉씨식물로 나뉘어요.

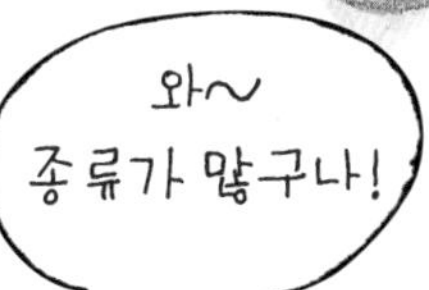

식물의 각 부분은 어떤 일을 하나요?

식물은 뿌리, 줄기, 잎, 꽃, 열매로 이루어져 있어요.

뿌리는 땅속으로 뻗어나가 식물이 튼튼히 서 있을 수 있게 받쳐 주어요. 또 물과 양분을 빨아들여 몸 전체에 보내지요. 줄기는 꼿꼿이 서서 식물의 몸을 받쳐 주어요. 또 뿌리가 빨아들인 물과 양분이 지나가는 길이기도 해요. 잎은 숨을 쉬고 햇빛을 받아 광합성을 하여 녹말이라는 양분을 만드는 일을 해요. 꽃은 아름다운 모습과 향기로 나비나 벌을 불러들여 열매를 맺을 수 있게 해요. 마지막으로 열매는 식물이 죽은 뒤에도 다시 새싹을 틔울 수 있는 씨앗을 품고 있어요.

식물에게는 어느 것 하나 없어서는 안 될 소중한 부분들이지요.

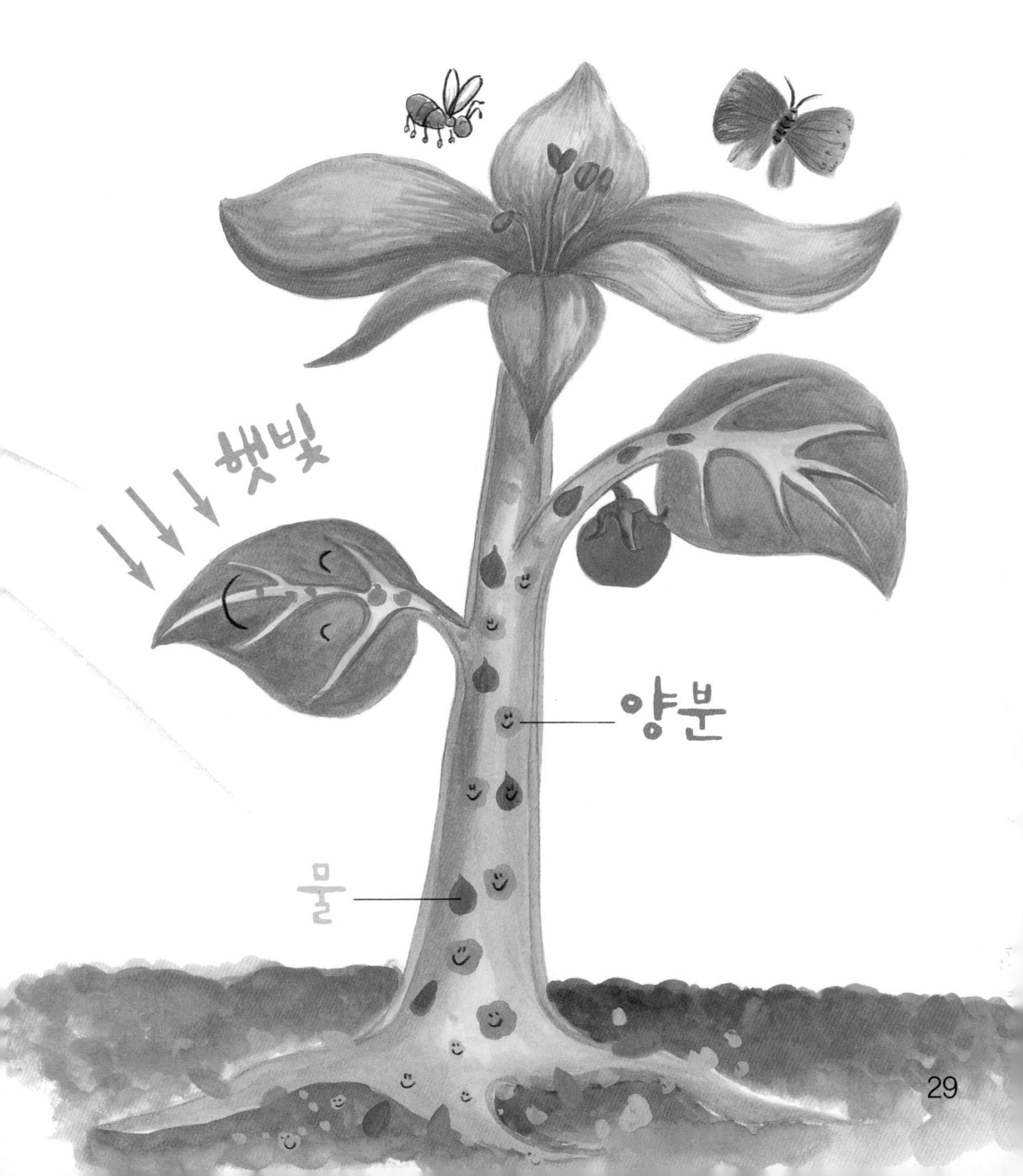

06 식물은 어디에서 자라나요?

식물은 우리가 사는 지구 곳곳에 퍼져 살고 있어요. 식물이 사는 곳을 식물의 진화 순서에 따라 살펴볼까요?

미역, 다시마, 김과 같은 조류는 물속에서 살아요. 이끼류와 고사리류는 그늘지고 땅이 축축한 숲에서 살아요. 나무와 꽃, 풀들은 들이나 산과 숲에서 산답니다.

07 식물은 왜 위로 자라나요?

우리 주위에 자라고 있는 식물을 떠올려 보세요.

어떻게 자라고 있나요? 모두 위로 자라고 있지요?

왜 그럴까요?

그 이유는 바로 햇빛 때문이에요. 식물은 광합성을 해서 영양분을 만든다고 했지요?

광합성을 하려면 햇빛을 꼭 받아야 하기 때문에 태양이 있는 위로 자라는 거예요.

식물이 주는 도움은 무엇인가요?

식물은 우리 몸을 건강하게 해 주는 음식을 주어요.
맛있는 쌀밥도, 매콤한 김치도, 고소한 참기름도, 새콤달콤한 과일도 모두 식물에서 얻은 것들이에요.
식물이 없으면 고기를 먹으면 된다고요?
하지만 풀을 먹는 초식 동물이 없으면 고기를 먹는 육식 동물들은 먹잇감이 없어 살아갈 수 없어요.

또 책과 공책을
만드는 종이도 나무로
만든 것이고요.
하지만 그 무엇보다도
식물이 주는 큰 도움은
우리가 숨쉬는 데
필요한 산소를 준다는
점이에요.
식물이 공기 중에 있는 이산화탄
소를 들이마시고 산소를 내뿜는
덕분에 지구는 맑은 공기를
유지하고 있는 거랍니다.

09 식물도 숨을 쉬나요?

당연하지요. 식물도 숨을 쉬어야 살 수 있답니다.
식물은 잎의 뒷면에 기공이라는 숨구멍이 있어요.
식물은 이 기공을 열었다 닫았다 하면서
숨을 쉬어요.
햇빛이 비치는 낮에는 기공으로 광합성을
하기 위해 이산화탄소를 들이마시고
광합성으로 생긴 산소를 내보내요.
하지만 밤에는 기공으로 산소를 들이마시고
이산화탄소를 내보낸답니다. 그래서 환자가 있는
방에는 꽃을 두지 않는 것이 좋아요.
꽃이 환자가 자는 동안 방 안의 산소를 들이마시고
이산화탄소를 내뿜어 공기가 탁해지니까요.
식물은 싹이 틀 때, 꽃이 필 때,
식물이 한창 자랄 때 활발하게 숨을
쉰답니다.

10 식물도 잠을 자나요?

식물도 잠을 잔답니다. 하지만
식물의 잠은 동물의 잠과는 달라요.
대부분의 식물은 1년에 한 번 정도 잠을
자는데, 식물의 잠을 휴면이라고 해요.
식물이 잠을 자지 않으면 쉽게 병에 걸려

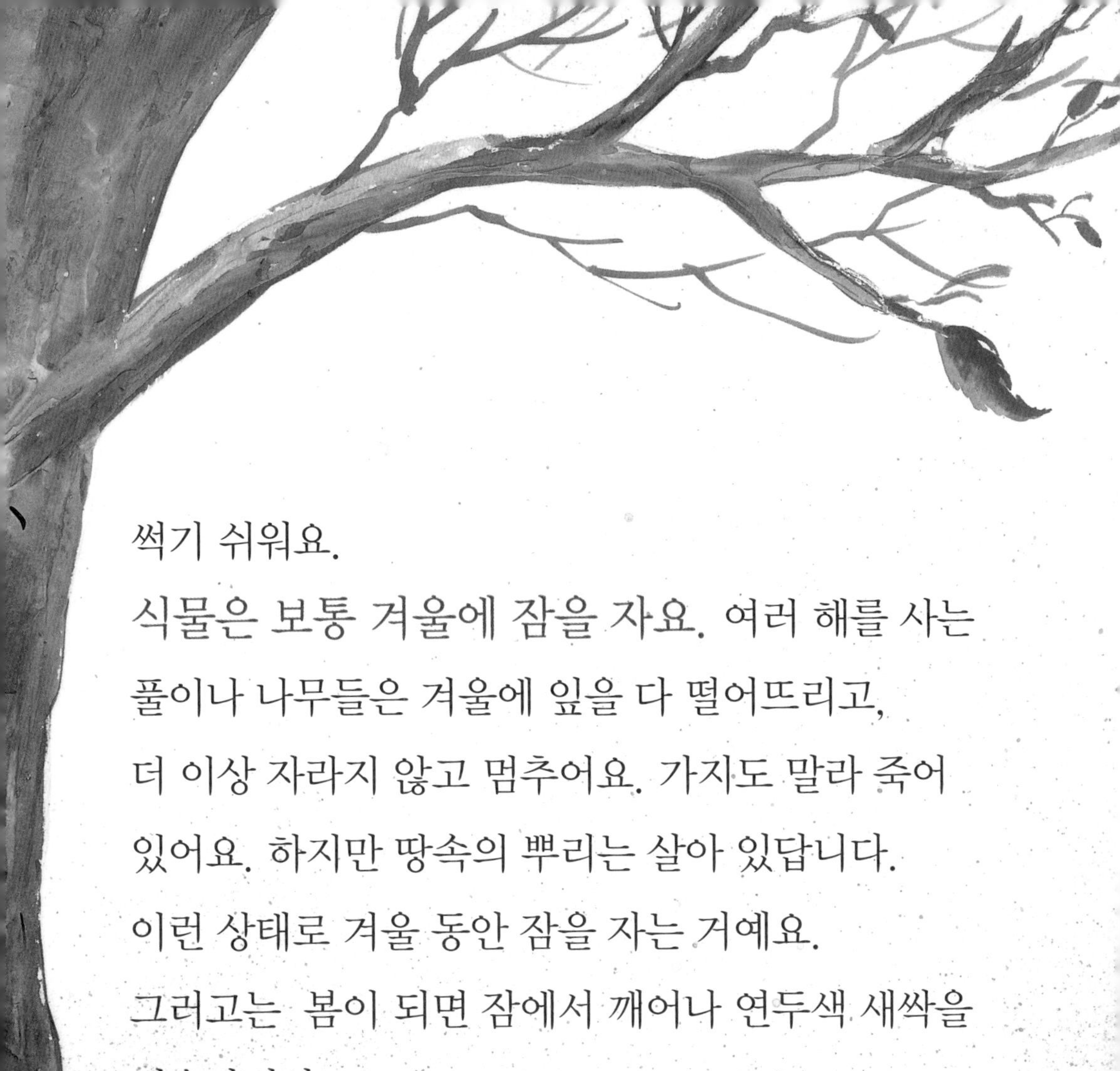

썩기 쉬워요.
식물은 보통 겨울에 잠을 자요. 여러 해를 사는 풀이나 나무들은 겨울에 잎을 다 떨어뜨리고, 더 이상 자라지 않고 멈추어요. 가지도 말라 죽어 있어요. 하지만 땅속의 뿌리는 살아 있답니다.
이런 상태로 겨울 동안 잠을 자는 거예요.
그러고는 봄이 되면 잠에서 깨어나 연두색 새싹을 틔운답니다.

식물은 무엇을 먹나요?

식물이 동물과 다른 점 가운데 하나는 스스로 양분을 만들어 사는 것이라고 했어요. 동물은 먹이를 잡아 입으로 먹어야 살 수 있지만, 식물은 스스로 먹이를 만든다고 했어요. 어떻게요? 광합성으로요. 식물은 햇빛을 받으면 공기 중에 있는 이산화탄소를 들이마시고 뿌리에서 땅속의 물을 빨아들여 광합성을 해요. 그래서 광합성을 하려면 햇빛, 이산화탄소, 물 이 세 가지가 꼭 있어야 한답니다. 광합성을 하면 잎에 녹말이라는 영양분이 생겨요. 식물은 이 녹말을 줄기와 뿌리 등에 골고루 보내 살아간답니다.

굉장하구나!

그리고 남는 영양분은 뿌리에

꼭꼭 모아 두어요.

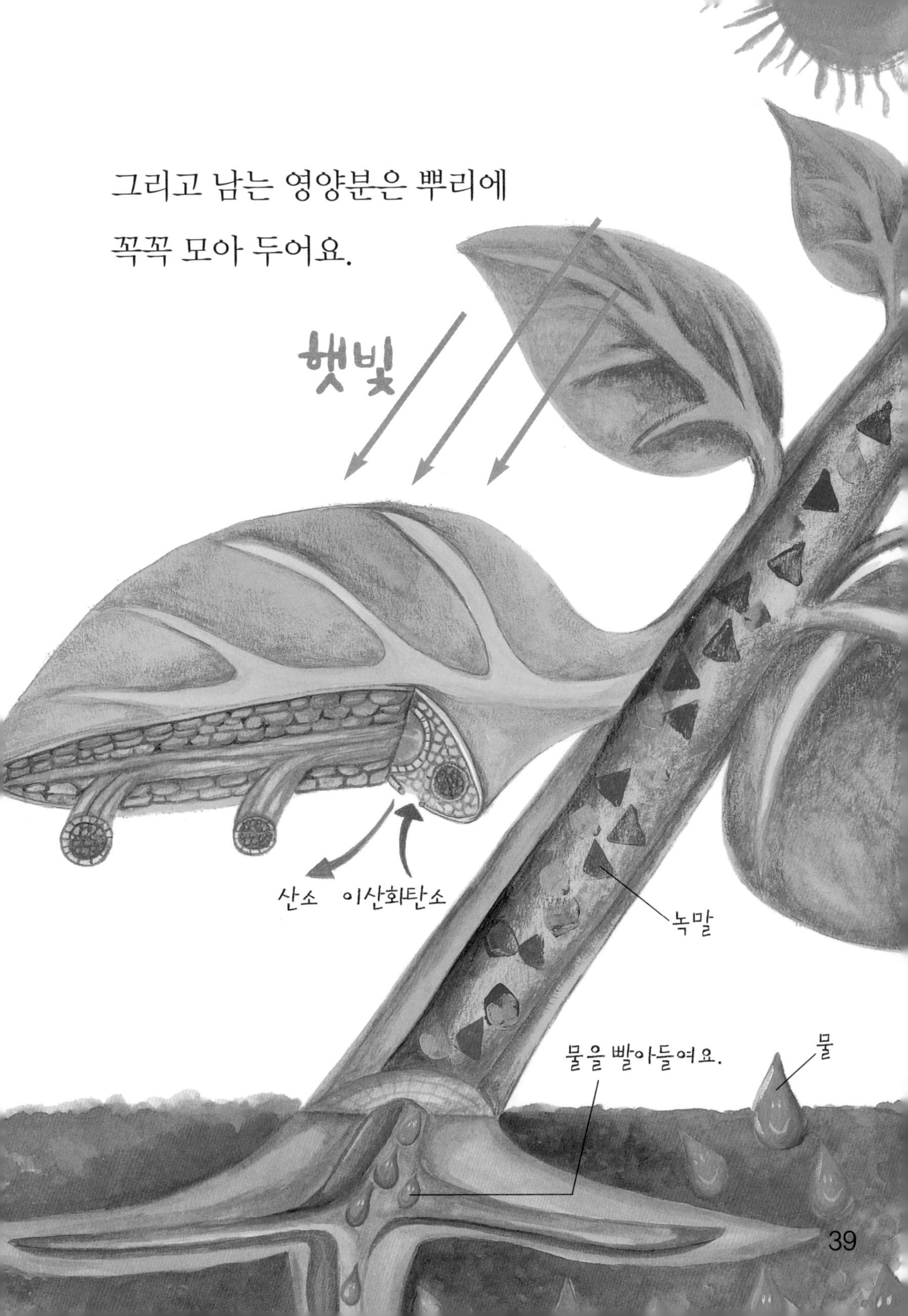

12 식물도 혈액형이 있을까요?

혈액형이란 사람의 피를 몇 가지 유형으로
나눈 것을 말해요. 사람의 혈액형은 크게 A형,
B형, O형, AB형이 있어요.
그럼, 식물은 어떨까요? 식물도 혈액형이
있을까요? 있답니다.
식물의 혈액형은 대개 O형이에요.
AB형, B형도 있는데, A형은 아직 발견되지
않았어요.
사과 · 호박 · 양배추 · 배 등은 O형이고,
메밀 · 포도 등은 AB형이랍니다.

AB형
O형
A.B.O형?
드디어 발견했다!

13 식물은 어디로 영양분을 먹을까요?

사람이나 짐승은 입으로 음식을 먹어야
에너지를 얻어 살 수 있어요.

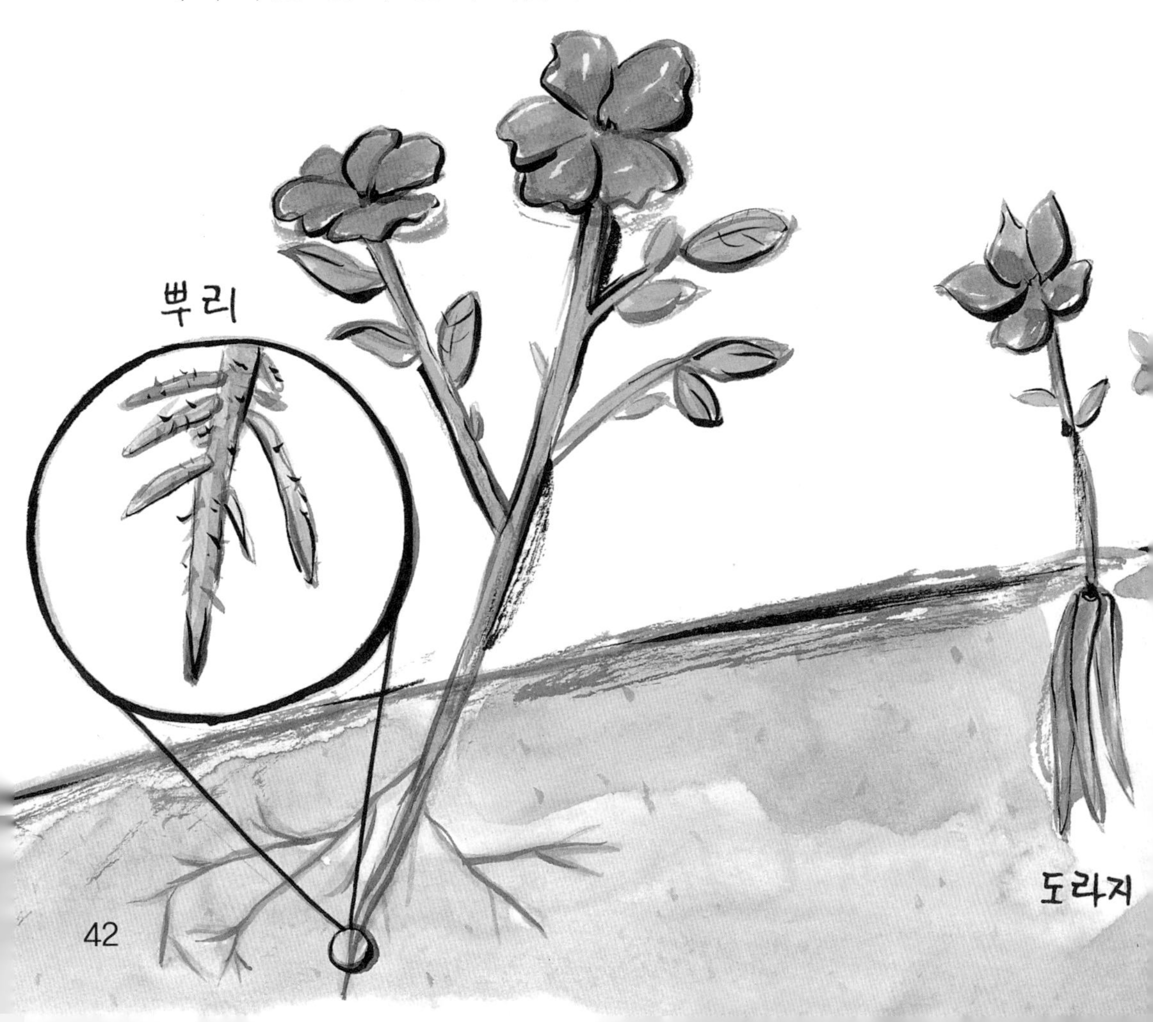

그럼, 식물은 어디로 맛있는 영양분을 먹을까요?

바로 뿌리예요.

식물은 뿌리로 물과 영양분을 빨아들여서

쑥쑥자란답니다.

그래서 뿌리가 뽑힌 식물은 말라 죽어요.

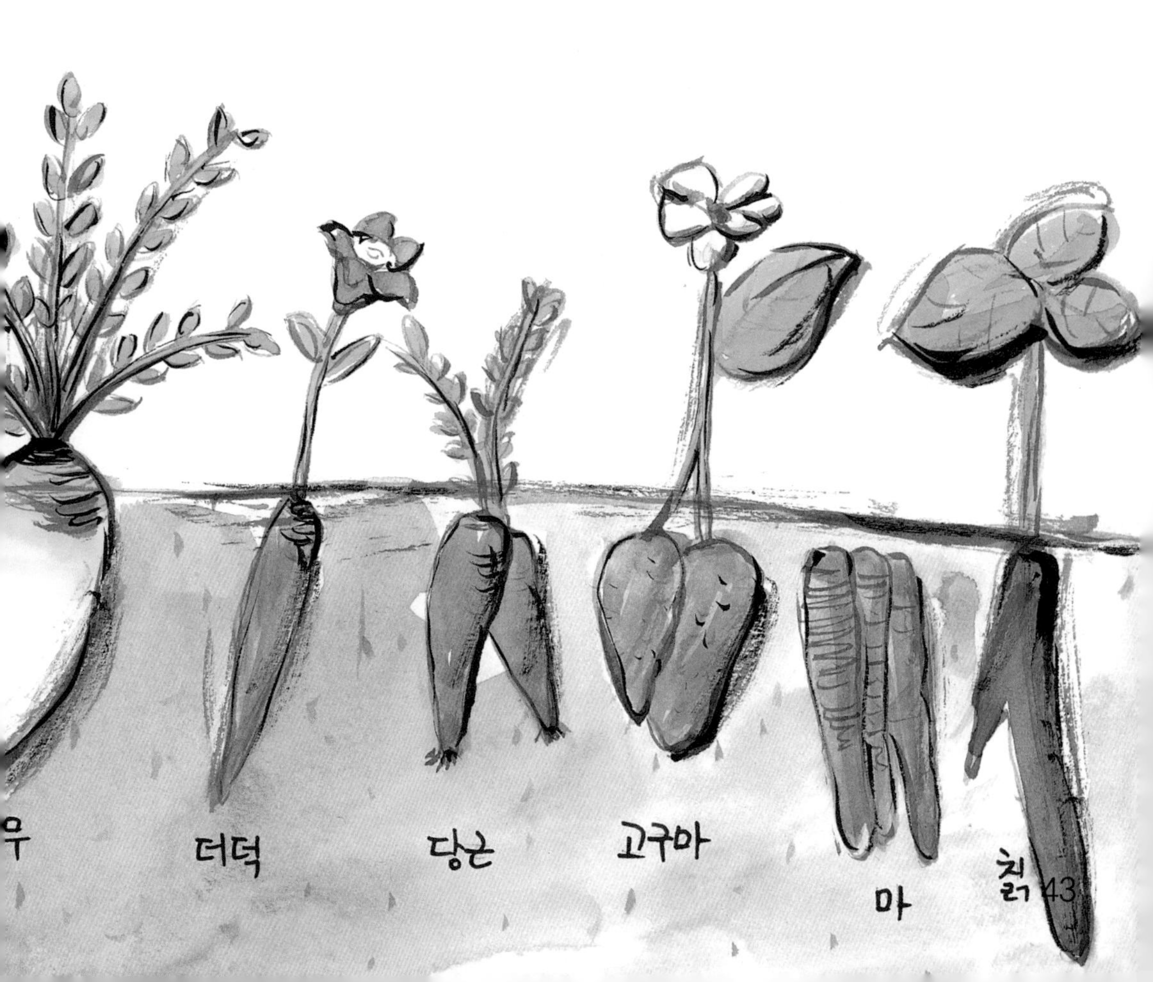

14 식물의 잎은 왜 초록색인가요?

녹색 식물의 잎에는 광합성을 하는 곳인 엽록체가 있어요. 엽록체 속에는 광합성을 하는 데 필요한 여러 가지 색소가 들어 있어요.
그 가운데 초록색을 띠는 엽록소가 가장 많이 들어 있답니다. 그래서 녹색 식물의 잎 전체는 초록색으로 보이는 거랍니다. 특히 잎 윗면이 아랫면보다 더 짙은 초록색으로 보여요.
이것은 잎 윗면에는 엽록체가 많지만, 아랫면은 숨구멍인 기공을 열고 닫는 일을 하는 세포만 엽록체를 가지고 있기 때문에 그렇답니다.

엽록체
기공(숨구멍)
어? 색이
흐리네?

15 식물 이름은 어떻게 짓나요?

오래전부터 내려오는 식물의 이름은 누가, 언제 지었는지 정확히 알지 못해요. 하지만 이름을 잘 살펴보면 식물의 생김새나 모양, 사는 곳, 쓰임, 특징 등을 살려서 지었다는 것을 알 수 있어요. 한번 볼까요?

강아지 꼬리를 닮아서

강아지풀, 은방울을 닮아서 은방울꽃, 토끼가 잘 먹는 풀이라서 토끼풀이라고 지었어요. 자라는 곳이 바위이면 '바위' 를 붙여 바위채송화, 바위구절초라고 하지요. 가시가 있으면 '가시' 를 붙여 가시오가피, 가시엉겅퀴라고 지어요. 키가 작으면 '애기' 를 붙여 애기나리, 애기원추리 등으로 짓고, 키가 작거나 일본이 원산지이면 '왜' 를 붙여 왜제비꽃, 왜골무꽃 등으로 지어요.
또 어떻게 지어진 이름이 있을까요?
어린이 여러분이 한번 찾아보세요.

물속에서 사는 식물도 있나요?

그럼요, 물속에서 사는 식물도 있어요.
이런 식물을 '수중 식물' 이라고 해요.
수중 식물은 검정말이나 물수세미처럼 몸 전체가
물에 푹 잠겨 있는 식물도 있고요, 연이나
마름처럼 줄기와 뿌리는 물속에 잠그고
잎만 물 위에 떠 있는 식물도 있어요. 또 갈대나
부들처럼 줄기 윗부분은 물 위로 나와 있고
줄기 밑 부분은 물속에 있거나, 개구리밥처럼
뿌리가 거의 없이 몸 대부분이 물 위에 떠 있는
식물도 있답니다. 이들 수중 식물은 뿌리로
몸을 지지하고 물속에 있는 영양분을 빨아들여
살아가고 있어요.

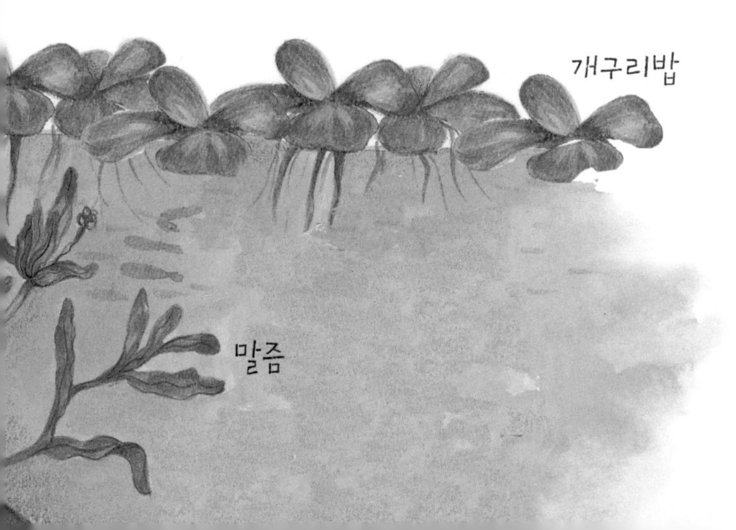

물속에 사는 식물은 어떻게 숨을 쉬나요?

살아 있는 생명체는 모두 숨을 쉬어야 살 수 있어요.
물속에 사는 식물도 마찬가지랍니다.
땅 위에 사는 식물은 잎의 뒷면에 기공이 있어서
이곳으로 숨을 쉰다고 했어요.
그런데 수중 식물은 좀 달라요.
물속에 완전히 잠겨 사는
수중 식물은 숨을 쉬는
기공이 없어요.
대신 물 위에 쉽게
뜨고 물속에서도
식물의 몸 전체에
공기가 잘 돌도록 몸이

발달되어 있답니다. 그래서 물속에서도 몸 전체로 물속에 있는 공기를 빨아들일 수 있어요. 하지만 연처럼 잎이 물 위에 떠 있는 식물은 잎 앞면에 기공이 있어서 이곳으로 숨을 쉰답니다.

18 바다 속에 사는 식물도 있나요?

짭짜름한 바다 속에도 식물이 살고 있어요. 우리가 맛있게 먹는 미역, 김, 다시마, 파래 등으로, 이들을 조류라고 해요. 바다에서 살기 때문에 바다 해(海)자를 붙여 '해조류' 라고 하지요. 해조류는 몸이 미끌미끌하고 부드럽고 연해요. 파래나 청각처럼 얕은 물에 살수록 색깔이 초록색이고, 다시마나 미역처럼 바다 속 깊은 곳에 살수록 갈색을 띠어요. 이보다 더 깊은 곳에 사는 김이나

홍조류

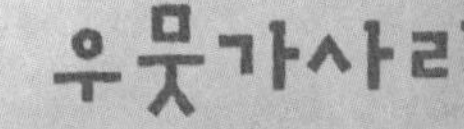

김

우뭇가사리는 붉은색을 띤답니다. 바다 깊이 들어 갈수록 햇빛을 적게 받기 때문에 색깔이 다른 거지요. 색깔이 달라도 해조류는 모두 엽록체를 가지고 있기 때문에 광합성을 하여 스스로 양분을 만들어 살아간답니다.

식물은 어떻게 자신의 몸을 지키나요?

움직이지 못하는 식물이라고 얕잡아 보다가는 큰코다친답니다. 식물도 위험으로부터 자신의 몸을 지키는 방법 하나쯤은 가지고 있거든요. 소나무는 송진을 내보내서 벌레들이 와서 자신을 갉아먹지 못하게 해요. 선인장과 장미, 아카시아는 줄기에 가시가 있어서 초식 동물들이 함부로 뜯어 먹지 못하게 한답니다.

잔디처럼 잎의 가장자리가 칼날처럼 날카롭고 질긴 식물은 다른 생물에게 상처를 주어 자신을 지켜내지요. 또 어떤 식물은 잎 가장자리를

톱니처럼 만들어서 곤충들이 쉽게
기어오르지 못하게 해요. 옥수수와
면화는 해충이 잎을 갉아먹으면
장수말벌이 좋아하는 물질을 내뿜어서
장수말벌이 와서 해충을
잡아먹게 한답니다.

20 식물은 어떻게 봄마다 싹을 틔우나요?

풀과 나무들은 어떻게 봄만 되면 싹을 틔울까요?

도대체 봄이 온 줄 어떻게 아는 걸까요?

식물은 저마다 몸속에 자극을 느끼는 유전자가 있어요. 이 유전자는 온도가 높아지거나 낮아지는 것을 재빠르게 알아차리는 능력이 있어요.

또 낮의 길이가 길어지거나 짧아지는 것도 알아차리는 능력이 있어요.

추운 겨울이 지나고
따뜻한 봄이 오면 몸속의 유전자는 겨울보다
기온이 높아지고 낮의 길이도 길어진 것을
제일 먼저 알아차려요.
그리하여 겨울잠을 자는 식물을 깨워
파릇한 새싹을 틔우게 한답니다.

21 남극처럼 추운 곳에도 식물이 사나요?

이 세상에서 가장 추운 곳은 남극이에요.
얼음으로 뒤덮인 남극은 일 년 내내 얼음이
녹지 않는 곳이거든요. 이렇게 추운 곳에서 식물이
살 수 있을까요? 모두 얼어 죽고 말거라고요?
아니에요. 남극에도 식물이 산답니다.
남극에 사는 식물은 '지의류' 라고 하는
식물이에요. 주로 바위에 붙어사는데,
이끼와 비슷하게 생겼어요.

참, 남극보다 조금 덜 추운 북극에는 곰팡이류와 이끼류, 그리고 고사리류가 살고 있어요. 그러고 보면 식물의 생명력은 참 대단하지요?

식물도 감각이 있나요?

감각은 소리나 빛, 아픔에 대해 반응을 하는 거예요. 한마디로 감각은 자극을 주면 그에 대해 몸이 반응을 하는 거지요. 사람과 동물은 자극을 받으면 그 자극을 뇌에 전달하여 어떤 감각인지 느껴요. 그럼 식물은 어떨까요? 식물도 감각이 있을까요? 식물도 빛이나 온도와 같은 자극을 느낀답니다. 하지만 식물이 자극에 반응하는 것은, 동물처럼 자극을 받고 이를 뇌에 전달해서 감각을 알아내는 것은 아니에요.

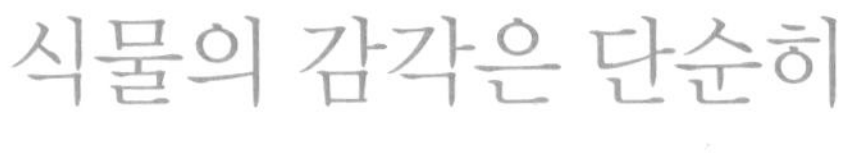
식물의 감각은 단순히

미모사

자극을 받아들이고 그것에 반응하는 것일 뿐이에요.

잎을 건드리면 순간적으로 잎을 오므리는 미모사나, 햇빛이 비치는 곳으로 구부러지는 귀리, 중력이 끄는 땅속으로 뿌리를 내리는 쑥의 뿌리 등은 모두 자극에 반응하는 것일 뿐이랍니다.

꽃과 씨앗 이야기

꽃을 보면 기분이 좋아지지요?
꽃은 모습도 예쁘지만 향기도 참 좋아요.
그런데 꽃이 피어야 열매를 맺고, 열매 속에
씨앗을 품을 수 있다는 사실을 알고 있나요?
꽃과 씨앗에 숨어 있는 신비한 이야기를
지금 만나 보아요!

꽃은 왜 피나요?

예쁘고 향기로운 꽃은 언제나 우리 마음을 즐겁게 해요. 그런데 궁금하지요? 식물은 왜 꽃을 피우는 걸까요?

식물이 꽃을 피우는 것은 번식을 위한 씨앗을 만들기 위해서예요. 동물은 암컷과 수컷이 만나 새끼를 낳아 대를 이어요. 하지만 식물은 꽃을 피우고 꽃 안에 있는 밑씨를 키워 씨앗을 만들어 대를 잇는답니다.

씨앗이 없으면 식물은 지구에서 영원히 사라질 거예요.

어서 씨앗을 만들자.
밑씨

꽃 색깔은 왜 여러 가지인가요?

빨강, 노랑, 분홍, 하양…….

꽃은 모양도 여러 가지, 색깔도 여러 가지예요. 꽃의 색깔이 다양한 것은 식물의 몸 속에 기본적으로 엽록소, 카로티노이드, 안토시안이라는 세 가지 색소가 들어 있기 때문이에요. 엽록소는 초록색, 카로티노이드는

노랑과 주황색, 안토시안은 빨강, 파랑, 자주색을 띠는 색소예요.

이 세 가지 색소 가운데 어느 색소가 더 많느냐에 따라 꽃의 색이 결정되는 거지요. 참, 흰색 꽃은 색소가 부족해서 생기는 거예요. 색소가 없는 꽃의 세포는 틈마다 공기가 가득 채우고 있는데 이 공기가 햇빛을 모두 반사시켜 흰색으로 보이는 거랍니다.

꽃은 왜 향기가 나나요?

"와, 꽃이다. 으음~ 향기 좋다!"

꽃에서 향기가 나는 것은 꿀벌이나 나비를 불러들이기 위해서예요. 꽃에는 암술과 수술이 있어요.

꽃이 열매를 맺으려면 수술에 있는 꽃가루가 암술에 묻어야 해요. 그런데 식물은 움직일 수가 없으므로, 누군가가 꽃가루를 옮겨 주어야 한답니다.
그 일을 하는 것이 바로 벌, 나비, 파리 등이에요.
꽃향기를 맡고 날아온 벌이나 나비가 꽃에 앉아 꿀을 빨아먹을 때 다리에 꽃가루가 묻어요.
다리에 꽃가루를 묻힌 나비나 벌이 다른 꽃에 날아가 앉으면 자연스럽게 암술에 꽃가루가 묻게 된답니다. 그러면 꽃이 지고 씨앗이 생기게 돼요.
꽃이 향기를 풍기는 것은 이렇게 곤충을 불러들여 번식을 하기 위해서랍니다.

꽃은 왜 시드나요?

아름다운 꽃도 어느 정도 시간이 지나면 시들시들 해져요. 그러다가 마침내는 떨어져 버리지요. 꽃이 시드는 것은 식물의 한 시기가 끝났기 때문이에요. 꽃향기에 끌려 날아왔던 벌과 나비가 꽃의 수술에 있던 꽃가루를 암술에 옮겨 주면 씨앗이 생겨요. 씨앗이 생기면 꽃은 제 할일을 다 한 것이랍니다. 꽃이 피는 것은 씨앗을 남겨 대를 잇기 위한 것이므로, 더 이상 피어 있을 필요가 없는 것이지요. 그래서 시들시들하다가 떨어져 버리는 거예요. 그러면 이제 식물은 씨앗을 키우는 데 온힘을 쏟는답니다.

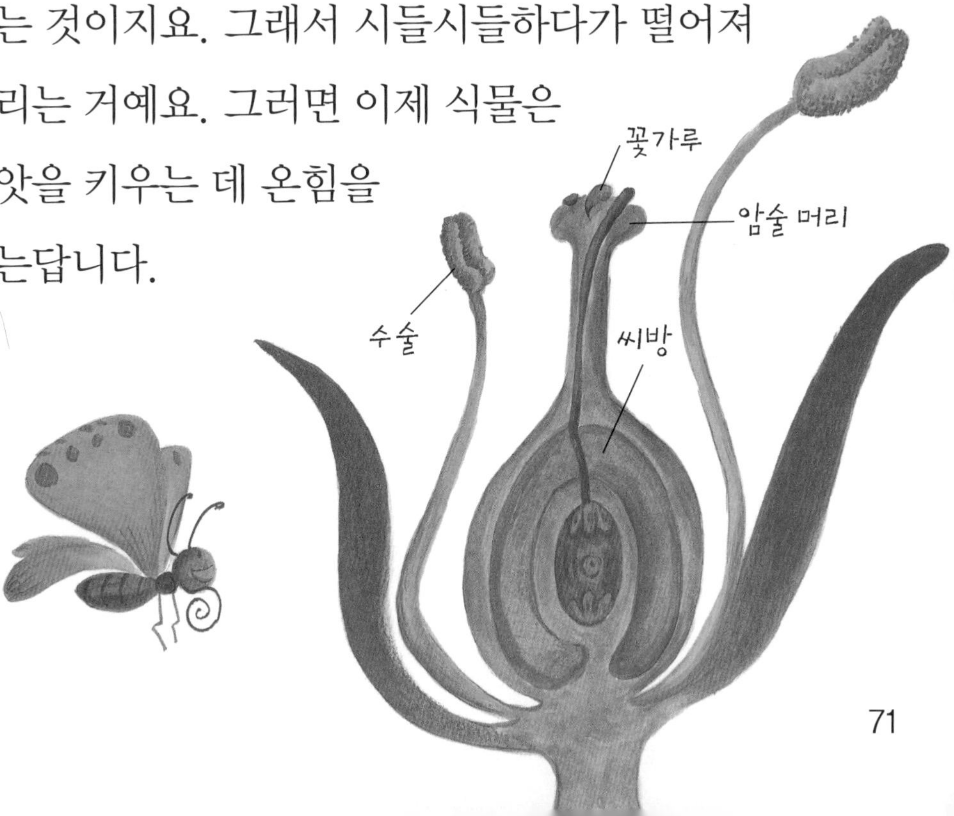

꽃도 암수가 있나요?

동물은 암컷과 수컷이 있어요. 사람도 여자와 남자가 있어요. 그럼 꽃은 어떨까요? 놀라지 마세요. 꽃도 암꽃과 수꽃이 있어요.

암꽃은 암술만 가지고 있는 꽃이에요. 수꽃은 수술만 가지고 있는 꽃이에요. 그런데 식물은 동물과 다른 점이 있어요.

진달래
〈양성화〉

동물은 암컷과 수컷이 따로따로 있지만,
꽃은 한 개의 꽃 안에 암술과 수술이
함께 있는 것이 있어요. 벚꽃이나
진달래 등이 그러한데, 이런 꽃을
'양성화' 라고 해요.
반대로 호박이나 수박처럼 한 꽃 안에
암술이나 수술 하나만 가지고 있는
꽃이 있어요. 이런 꽃을
'단성화' 라고 한답니다.

꽃마다 왜 피는 때가 다른가요?

어떤 꽃은 봄에 피고, 어떤 꽃은 가을에 피어요. 또 어떤 꽃은 낮에 피고, 어떤 꽃은 밤에 피지요. 참 신기하지요? 꽃은 왜 피는 때가 다를까요? 식물이 꽃을 피울 때는 낮과 밤의 길이와 온도가 아주 중요해요. 그래서 식물은 자신에게 맞는 온도와 낮의 길이를 선택해서 꽃을 피운답니다. 식물에게는 꽃이 필 때를 선택하는 유전자가 있거든요. 카네이션이나 밀 등은 낮의 길이가 밤보다 길 때 꽃을 피우고, 코스모스, 국화 등은 낮의 길이가 밤보다 짧을 때 꽃을 피운답니다. 하지만 민들레, 해바라기, 토마토 등은 낮의 길이에 상관없이 온도의 변화에 따라 꽃을 피워요.

저건 해님이 아니야.
빨리 자야지
카네이션~.
아함~ 어쩐지
낮이 너무 길다 했어.
아~ 낮이 짧은
가을이네.

꽃이 피지 않는 식물도 있나요?

식물은 꽃을 피워야 암술에 수술의 꽃가루가 묻어 수정이 되고, 씨앗이 생겨요. 씨앗은 식물의 대를 잇는 중요한 일을 하지요. 그런데 꽃이 피지 않고 번식을 하는 식물도 있어요. 바로 고사리예요.
고사리는 꽃이 아닌 포자로 번식을 한답니다.
포자는 고사리의 잎 뒷면에 작고 동글동글한 모양으로 생겨요. 포자는 여러 개씩 포자를 둘러싸고 있는 주머니에 들어 있는데, 이 주머니를 '포자낭' 이라고 해요. 포자낭이 터져 포자가 땅에 떨어지면 싹이 터서 넓은 잎 모양의 초록색 식물로 자라요. 이 식물을 '전엽체' 라고 하는데, 전엽체가 자라면 난세포와 정자가 생겨요. 이 정자가 물속을

헤엄쳐 난세포를 만나면 수정이 되어
어린 고사리가 생긴답니다.
어린 고사리는 점점 자라
어른 고사리가 돼요.

〈고사리의 생태〉

30 꽃잎이 없는 꽃도 있나요?

꽃에서 예쁜 색깔을 띠고 있는 부분을 꽃잎이라고 해요. 우리가 꽃을 보고 "와, 예쁘다!" 하고 말하는 것은 바로 이 꽃잎을 보고 하는 말이에요.

그렇다면 모든 꽃은 꽃잎을 가지고 있을까요?
그렇지 않아요.
할미꽃, 벼, 둥굴레, 무화과나무의 꽃 등은 꽃잎이 없답니다.
할미꽃의 붉은색은 꽃잎이 아니고 꽃받침이에요.
대부분 꽃받침은 꽃잎 아래에 작게 있는데 할미꽃은 크고 아름다운 꽃받침이 꽃잎 행세를 하는 거지요. 벼꽃도 꽃잎이 아니라 수술이에요.
또 무화과나무는 열매처럼 보이는 것이 꽃으로, 그 안에 작은 꽃이 아주 많이 달려 있답니다.

밤에는 왜 꽃잎이 오므라들까요?

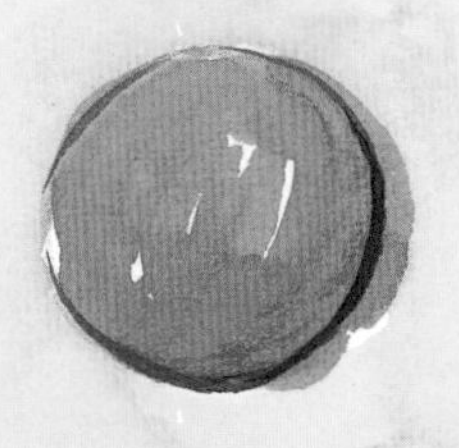

꽃들은 밤이 되면 꽃잎을 오므리고 낮이 되면 활짝 편답니다. 왜 그럴까요?

따뜻한 온도는 꽃잎의 안쪽을 자라게 만들어요.

그래서 기온이 떨어질 때는 꽃의 안쪽보다

바깥쪽을 더 빨리 자라게 하지요.

그렇기 때문에 기온이 떨어지는 밤에는

꽃잎이 오므라들게 된답니다.

나팔꽃을 한번 관찰해 보세요.

나팔꽃은 낮 동안 기온이 올라감에 따라 꽃잎이

펴졌다가 늦은 오후가 되면 다시 오므라들 거예요.

32 달맞이꽃은 왜 밤에 피나요?

낮에는 절대 꽃을 피우지 않는 꽃 달맞이꽃!
저녁에 피었다가 아침이면 시드는
달맞이꽃! 달맞이꽃아,
너는 왜 낮에 피지
않는 거니?
식물은 자신에게

걱정 마~.

맞는 온도와
낮의 길이를 선택해서 꽃을 피운다고
했지요?
달맞이꽃은 햇볕이 강한 것을
싫어해요. 한마디로 온도가
높은 것을 견디지 못하지요.
그래서 낮에는 꽃을 피우지 않고
밤에 피우는 거랍니다.

그런데 밤에 피면 벌과 나비는 잠을 자는데
어떻게 꽃가루를 옮기냐고요?
그건 밤에 활동하는 나방들이 해 주어요.
나방들이 이리저리 날아다니며 달맞이꽃의 꽃가루
를 암술에 옮겨 준답니다.

해바라기는 정말 해를 따라 도나요?

키다리 꽃 해바라기! 해바라기라는 꽃 이름은 이 꽃이 해를 바라보고 돈다고 생각하여 붙여진 이름이에요. 그럼 정말로 해바라기는 해를 따라 돌까요?

아직 꽃이 피지 않고 꽃봉오리만 맺혀 있을 때는 해를 따라 도는 것이 맞아요. 식물은 줄기 끝에 '옥신'이라는 성장 호르몬이 생겨서 쑥쑥 자란답니다.

그런데 옥신은 햇빛을 많이 받으면 파괴되어 버려요. 그러면 햇빛을 받은 줄기와 잎은 더디게 자라고, 햇빛을 덜 받은 줄기와 잎은 빠르게 자라게 돼요. 그러다 보니 균형이 맞지 않아 꽃봉오리가 태양 쪽으로 기울어지게 된답니다. 하지만 꽃이 피고 나면 이런 모습은 사라져요.

꽃가루는 누가 전해 주나요?

꽃가루는 꽃을 피워 씨앗을 만들어 대를 이어 가는 식물에게만 있어요. 식물의 꽃에는 암술과 수술이 있어요. 씨앗이 생기려면 암술머리에 수술의 꽃가루가 묻어야 하는데, 이것을 '수분'이라고 해요. 수분은 식물 스스로 할 수 없어요. 장미, 호박 등 향기와 꿀이 있는 꽃들은 벌이나 나비와 같은 곤충이 이리저리 꽃을 날아다니며 다리에 꽃가루를 묻혀 암술머리에 옮겨 주어요. 향기와 꿀이 없는 벼와 소나무는 꽃가루가 바람에 날려 암술머리에 닿아요.

또 연꽃, 붕어마름 같은 물에서 사는
꽃은 꽃가루가 물에 흩어져 수분이 돼요.
파인애플이나 동백꽃은 새가 꿀을 쪼아
먹을 때 날개에 꽃가루가 묻어 암술머리에
옮겨 주어요. 아니면 사람이 붓에 꽃가루를
묻혀 암술머리에 옮겨 주기도 해요.

35 씨앗은 어떻게 생기나요?

암술머리에 수술의 꽃가루가 묻는 것을 수분이라고 해요. 수분이 되면 꽃가루에서 꽃가루관과 정핵이 나와요. 암술의 밑에는 씨방이 있는데 씨방 안에 밑씨가 들어 있어요. 밑씨에는 난세포와 난핵이 있답니다. 꽃가루에서 생긴 꽃가루관이 밑씨까지 가늘고 긴 관을 뻗어 길게 이어지면, 이 관으로 정핵이 내려와 밑씨 속으로 들어가요.

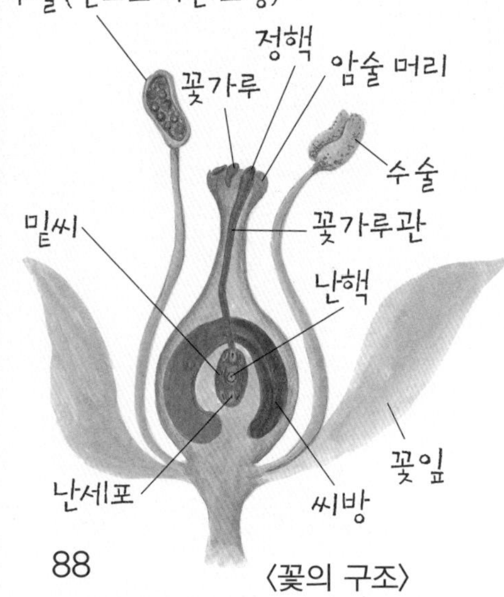

〈꽃의 구조〉

밑씨 속으로 들어간 정핵은 난세포와 만나 수정이 이루어지게 되지요. 수정이 된 밑씨가 점점 자라 씨앗이 된답니다.

열매는 무슨 일을 하나요?

사과, 감, 복숭아를 떠올려 보세요. 맛있는 과육을 먹고 나면 그 속에 씨가 들어 있지요? 아, 이제 알겠지요? 열매는 씨앗을 보호하고 있는 거예요. 씨앗을 꼭꼭 숨겨서 안전하게 자라도록 하는 거지요. 열매 속에서 완전히 자란 씨앗을 다음 해 땅에 뿌리면 다시 싹을 틔워 자란답니다.

37 씨앗은 무엇으로 이루어져 있나요?

땅콩을 준비해 보세요. 아니면 강낭콩이라도 좋아요. 땅콩에 금이 난 곳을 따라 반으로 나누면 두 쪽으로 나누어지지요? 땅콩의 한 쪽을 보면 싹처럼 생긴 것이 있을 거예요. 이것을 '배' (우리말로는 씨눈이라고 함)라고 하는데, 나중에 식물의 뿌리, 줄기, 잎이 되는 곳이에요. 배를 뺀 땅콩의 먹는 부분은 '배젖' (우리말로는 떡잎이라고 함)이라고 해요.

배젖은 양분을 저장하고 있는 곳이에요. 나중에 배가 자랄 때 이 양분을 이용해서 자란답니다.

씨앗은 이렇게 배와 배젖으로 이루어져 있어요.

와~
강낭콩에서
싹이 난다!
어린싹
떡잎
어린 뿌리
씨 껍질
배젖(떡잎)
배(씨눈)

식물은 어떻게 씨앗을 퍼뜨리나요?

식물은 움직이지를 못해요. 그래서 자신들의 특징을 살려 씨앗을 퍼뜨려요. 봉숭아나 나팔꽃은 씨앗이 완전히 여물면 열매 껍질이 바짝 말라서 스스로 톡 터져서

다른 곳으로 옮겨 가요. 민들레나 단풍나무
씨앗은 씨앗에 하얀 솜털이 달려서 바람에
실려 멀리멀리 날아가요. 사과나 감,
복숭아는 동물이 과일을 먹은 뒤
이리저리 다니다가 똥을 누어
퍼뜨려요. 단단해서 소화되지
않은 씨앗이 똥에 섞여 그대로
나오면 땅속에 묻혀 있다가
싹을 틔우지요. 밤이나
도토리는 씨앗이 다 여물면 스스로
떨어져 도르륵 굴러가 씨앗을
퍼뜨려요. 도꼬마리처럼
가시가 있는 씨앗은 동물의 몸에
붙어서 씨앗을 퍼뜨린답니다.

39 씨앗은 어떻게 싹을 틔우나요?

콩을 보세요. 그냥 그릇에 담아 둔다고 싹이 트나요? 아니에요. 씨앗에서 싹이 돋아나게 하려면 물과 알맞은 온도, 공기와 햇빛이 있어야 해요. 이 가운데 물은 씨앗이 싹을 틔우는 데 가장 중요하답니다. 물은 딱딱한 씨앗을 불려 싹이 잘 나오게 하고, 씨앗이 싹을 틔우는 데 필요한 변화가 잘 이루어지도록 해 주지요.

또 25~30도 정도의 온도가 되어야 씨앗은 싹을 틔울 수 있어요. 여기에 공기도 잘 통해야 하고요.

하지만 햇빛은 그다지 필요하지 않아요.

어떤 씨앗은 햇빛이 없어도 싹을 틔우거든요.

40
씨앗으로 번식하지 않는
식물도 있나요?
튤립
백합
칼라

그럼요, 식물 가운데는 씨앗이 아닌 다른 방법으로 번식을 하는 것도 있어요. 새콤달콤한 열매가 열리는 딸기는 기는줄기로 중간 중간에 새 뿌리를 내려 번식을 해요. 백합이나 튤립, 칼라 등의 꽃은 알뿌리로 번식을 해요. 봄에 알뿌리를 심으면 싹이 나지요. 또 뿌리인 고구마를 심으면 고구마에서 새로운 싹이 돋아나 줄기가 길게 땅바닥을 따라 벋으면서 뿌리를 내려 새로운 고구마가 생겨요. 포플러나 버드나무는 가지를 잘라 땅에 꽂아 두면 가지 아랫부분에서 뿌리가 생겨 새로운 나무가 되어요.

딸기

개나리 〈꺾꽂이〉

고구마

41 바나나는 왜 씨가 없나요?

바나나는 씨가 없어서 먹기 참 편하지요? 그렇다고 바나나에 원래 씨가 없는 것은 아니에요. 사람들이 오랜 연구로 먹기 쉽고 편하도록 씨를 없앤 거예요. 바나나는 나무가 아니라 여러해살이 풀이에요. 줄기는 잎집이 어긋나게 싸서 생긴 헛줄기예요. 특이하게도

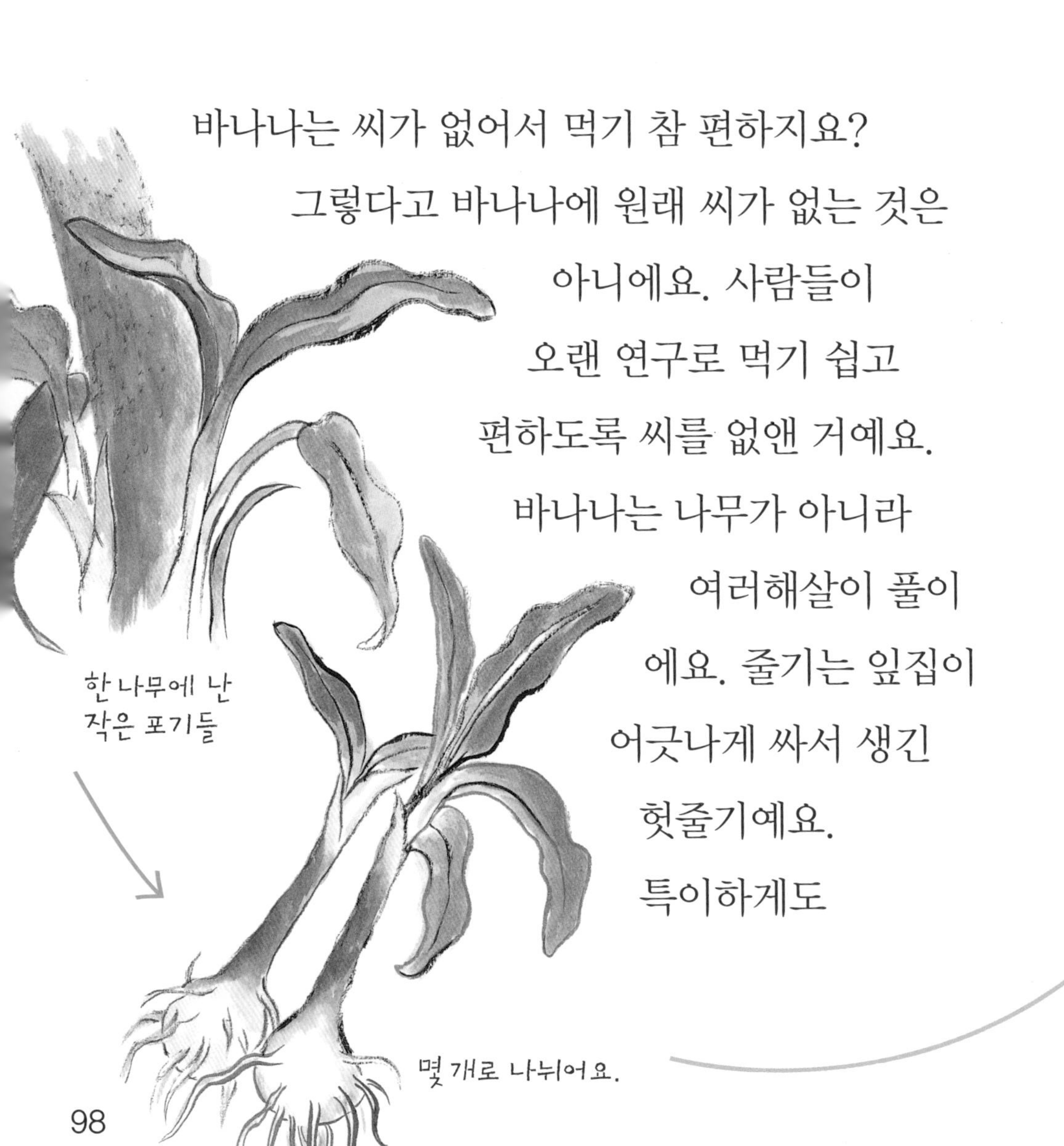

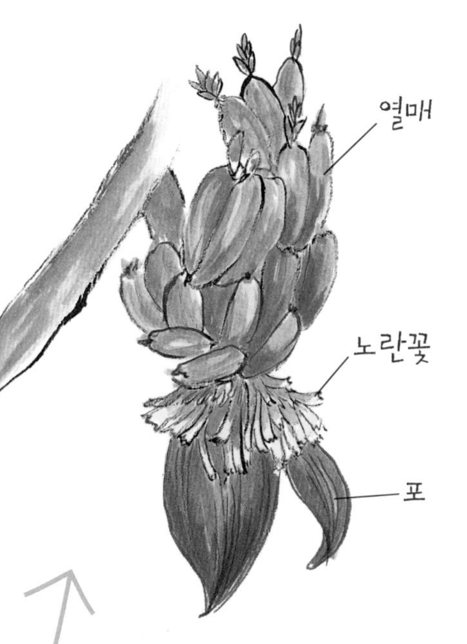

땅속에 있는 원래 줄기에서
작은 포기가 여러 개 나서
땅 위로 올라와요.

이 작은 포기들을 잘라서 다른 곳에 심으면
맛도 좋고 씨도 없는 바나나가 열린답니다.

바나나는 노란 암꽃이 자라서 생기는데, 씨를
심은 것이 아니라 포기나누기를 한 것이라서
열매만 열리지 씨는 생기지 않는답니다.

나무 이야기

울창한 숲을 이루고 있는 나무!
도로를 멋있게 꾸며 주는 가로수!
맛있는 과일을 주렁주렁 달고 있는 유실수…….
늘 보지만 잘 모르는 나무의 비밀을
지금 만나 볼까요?

나무와 풀은 어떻게 달라요?

나무는 몇 년 동안 살지만 풀은 대부분 한 해만 살다 죽어요. 나무는 나이테가 있고, 풀은 나이테가 없어요.

나이테가 생기는 것은 부피 생장을 하는 부름켜 때문이에요. 부름켜는 봄부터 여름까지 크고 연한 세포들을 만들고, 가을이 되면 작고 단단한 세포들을 만들어요. 이 두 세포들이 줄기 안에 겹겹이 교차해 있는 것이 바로 나이테예요.

부름켜는 뿌리나 줄기의 물이 지나가는 길인 물관부와 양분이 지나가는 길인 체관부 사이에 있어요.

부름켜가 활발하게 세포 분열을 하기 때문에

나무줄기는 굵어지고 옆으로 자라나는 거예요. 하지만 풀은 부름켜가 없어서 줄기가 굵어지지 않아요. 그래서 풀은 가늘고 잘 휘어진답니다.

〈나무의 나이테 구조〉

나무도 암수가 있나요?

꽃도 암수가 있다고 했지요?
마찬가지로 나무도 암수가
있어요. 대부분 암수가
한 나무에 같이 있어요.
하지만 어떤 나무들은 암수가 따로 있어요.
이런 나무들은 '암수딴그루' 나무라고 해요.
은행나무, 뽕나무, 버드나무 등이
암수딴그루 나무예요. 암나무에는 밑씨가 들어
있는 암꽃만 피고, 수나무에는 수술이 달린
수꽃만 피어요. 그래서 암나무와 수나무가
떨어져 있으면 열매를 맺고 씨를 남길 수
없어요. 암수가 가까운 곳에 있어야 바람에

꽃가루가 날려 수분이 이루어진답니다.

나무의 나이는 어떻게 알 수 있나요?

나무의 나이는 나이테를 보면 알 수 있어요.
나이테는 나무를 가로로 자르면 잘라진 면에 둥글게 선이 그어져 있답니다.
이 선은 한 해에 한 개씩 생기므로 선의 개수를 세어 보면 나무의 나이를 알 수 있어요.
이때 나이테 모양이 찌그러지고 중간 중간 끊어진 선들은 가뭄이나 병충해로 생긴 것이므로 나이테가 아니에요. 그러므로 이런 선들은 나무의 나이로 치면 안 된답니다.
참, 나이테는 부피 생장을 하는 부름켜 때문에 생긴다고 했지요? 안쪽을 보면 어떻게 나이테가 생기는지 알 수 있어요.

나이테 수를 보니
할아버지네요!

상처가 난 나무에서 왜 진이 나오나요?

"똑!"

나뭇가지가 부러졌어요. 그러자 부러진 자리의 껍질에서 끈끈한 진이 나오기 시작했어요. 부러진 자리가 아파서 눈물이라도 흘리는 걸까요?

나무가 흘리는 진은 상처를 보호하고 치료하기 위해서 내보내는 거예요. 진으로 상처 난 곳을 덮어 나무의 수분이 마르지 않게 하고, 나무가 가지고 있는 영양분이 밖으로 나가지 못하도록 하는 거지요. 또 상처로 나쁜 세균이 들어오지 못하도록 막는 거예요.

말 못하는 나무지만 무척 지혜롭지요?

에고!
지금
치료 중이야.

46 상록수는 왜 겨울에도 잎이 초록색인가요?

소나무, 잣나무, 사철나무 등은 겨울이 와도 잎이 초록색이에요. 이렇게 단풍이 들지 않고 언제나 잎이 푸른 나무를 상록수라고 해요. 나뭇잎은 겨울이면 햇빛과 물이 부족해서 광합성을 하기 힘들어요. 또 겨울에는 물이 부족한데 잎의

기공으로 수분이
빠져나가므로
잎은 골칫덩어리예요.
그래서 나무는 겨울이면
잎을 말라 죽게 하여 떨어뜨린답니다.
잎이 마르기 직전에 엽록소가 파괴되고 빨강이나
노랑 색소가 나와 잎에 단풍이 들지요.
하지만 상록수는 대부분 잎이 바늘처럼 뾰족
하여 기공으로 수분이 많이 빠져나가지
않아요. 그래서 겨울이 와도 잎을 떨어뜨릴
필요가 없어요.
잎을 떨어뜨릴 필요가 없으므로 엽록소도
파괴되지 않아 단풍이 들지 않는답니다.

활엽수는 뭐고 침엽수는 뭐예요?

활엽수는 평평하고 넓은 잎이 달리는 나무를 말해요. 속씨식물 가운데 쌍떡잎식물에 속하는 나무들이에요. 꽃은 여러 모양이고 화려해요. 늘 푸른 상록활엽수와 가을에 낙엽이 지는 낙엽활엽수 두 가지가 있어요. 상록활엽수는 따뜻한 남쪽에 많은데, 가시나무, 동백나무 등이에요.

〈상록활엽수〉

낙엽활엽수는 밤나무, 단풍나무, 참나무 등이에요. 우리나라의 산은 거의 다 낙엽활엽수랍니다.

침엽수는 잎이 침처럼 가늘고 뾰족한 나무예요. 겉씨식물로 건조와 추위에 강하고, 활엽수보다 종류가 훨씬 적어요. 잣나무, 소나무, 삼나무, 향나무 등이 침엽수랍니다.

나무마다 왜 잎 모양이 다른가요?

지구에 사는 사람들의 얼굴을 떠올려 보세요. 햇빛이 많이 비치는 더운 지역에 사는 사람들은 피부가 검고 코가 낮아요. 하지만 햇빛이 많이 비치지 않는 추운 지역에 사는 사람들은 피부가 희고 코가 높아요. 추위와 더위가 적당한 지역에 사는 사람들은 황갈색의 피부를 가지고 있어요. 사는 곳과 자연환경에 따라 피부색과 얼굴

잎이 가늘어요!

생김새가 다른 거지요.
이처럼 나무마다 잎도 사는 곳에 따라 모양이
다르답니다. 춥고 건조한 곳에 사는 나무는
수분을 빼앗기지 않도록 잎이 가늘어요.
하지만 더운 지역에 사는 나무는 너무 많이 생긴
수분과 열을 잎의
기공으로 내보내기
위해 잎이 넓고
크답니다.

49 나뭇잎은 가을이면 왜 물이 드나요?

우린 노랑! 크산토필.

우린 빨강! 안토시안.

우린 초록! 엽록소.

가을이 오면 나뭇잎은 울긋불긋 물이 들어요.
초록색 잎마다 빨강, 노랑, 갈색으로 단풍이
들지요. 단풍은 나뭇잎에 들어 있는 색소가 변해서
나타나는 거예요.
나뭇잎에는 초록색을 띠는 엽록소와 빨간 색소인
안토시안, 노란 색소인 크산토필이 들어 있어요.
나뭇잎이 초록색을 띠는 것은 엽록소가 많이 들어
있기 때문이랍니다.
그런데 기온이 내려가면 엽록소가 파괴되고
빨간 색소인 안토시안과 노란 색소인
크산토필이 나타나지요.
나무마다 크산토필이나 안토시안이 들어 있는
양은 달라요. 그래서 어느 나무는 빨간 단풍이
더 많이 들고, 또 어떤 나무는 노란 단풍이 더 많이
들지요. 단풍은 낮과 밤의 기온 차이가 클수록
더욱 아름답고 선명한 색깔을 띠어요.

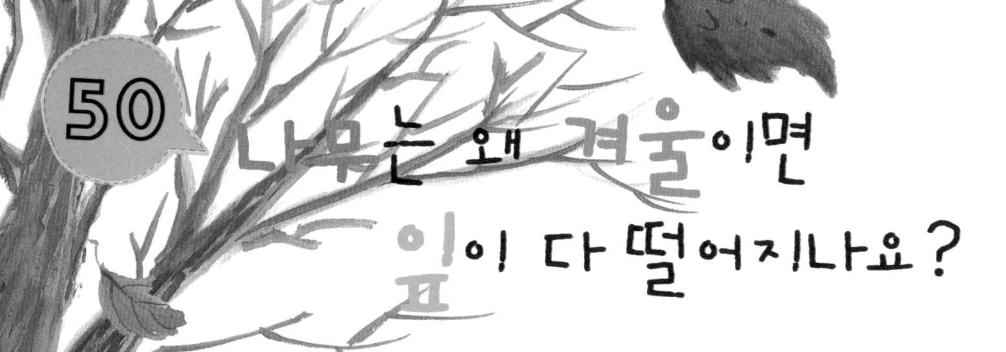

50 나무는 왜 겨울이면 잎이 다 떨어지나요?

나무는 겨울이면 잎을 모두 떨어뜨리고 나뭇가지만 앙상하게 남아 있어요. 나무들이 잎을 떨어뜨리는 것은 겨울을 나기 위한 지혜랍니다.

겨울은 여름처럼 비가 많이 오지 않아요. 그래서 나무가 가지고 있는 수분을 밖으로 내보내면 안 된답니다. 나무는 광합성을 하면서 잎 뒷면에 있는 기공으로 수분을 내보내요. 그래서 기온이 낮아지면 나뭇잎은 기공을 닫아 수분이 나가지 못하도록 한답니다.

그런데 잎이 기공을 닫으면 광합성을 하지 못하기 때문에 나뭇잎은 시들어 죽게 돼요.

그래서 죽은 나뭇잎은 땅으로 떨어져 내린답니다.

나무껍질은 왜 있나요?

우리 몸 전체를 피부가 감싸고 있듯이 나무는 껍질이 나무 전체를 감싸고 있어요. 나무껍질이 하는 중요한 일은 나무를 보호하는 일이에요.
나무껍질 사이에는 얇은 두 개의 층이 있어요.
형성층과 체관이에요.
형성층은 나무가 굵어지게 하는 세포이고, 체관은 잎에서 만들어진 영양분이 나무 전체로 가는 길이에요. 특히 나무 전체에 전해지고 남은 영양분은 체관을 지나서 뿌리에 저장되어 겨울을 나는 동안 쓰인답니다. 이렇게 체관은 나무에게 무척 중요한 기관이에요.
만약 형성층과 체관을 잘라버리면

나무는 제대로 자랄 수 없답니다. 하지만 나무껍질이 껍질 안쪽의 형성층과 체관을 감싸고 있기 때문에 나무는 거센 비바람과 추위, 높은 기온과 벌레로부터 안전하게 지켜진답니다.

52 나무껍질은 왜 벗겨지나요?

길가에 있는 가로수를 보세요. 군데군데 줄기의 껍질이 벗겨진 것을 볼 수 있을 거예요. 나무껍질은 나무를 보호하는 일을 한다고 했는데 벗겨져 버리면 안 될 텐데요?

괜찮아요. 이것은 나무를 굵어지게 하는 형성층이 활발히 활동을 해서 나무가 커졌기 때문에 생기는 거예요.

나무껍질이 커진 몸을 견디지 못하고 떨어져 나가는 것이지요. 작은 봉지에 큰 물건을 넣으면 봉지가 터지는 것처럼 말이에요. 전에 있었던 나무껍질이 떨어져 나가면 새로운 나무껍질이 생겨 나무를 보호한답니다.

몸이 커졌기 때문이야.
너 왜 상처투성이야?

우린 한 몸이야~
어머나, 서로 좋아하나 봐.

나무도 사랑을 하나요?

어린이 여러분, 만약 산에 가게 되면 나무들을 한번 유심히 살펴보세요. 그리고 나무 가운데 '연리지'라는 아주 독특한 나무가 있는지 찾아보세요.
연리지는 뿌리가 다른 두 나무가 서로 사랑을 하듯이 줄기나 가지가 서로 엉켜서 한 나무로 자라는 나무를 말해요.
처음에는 가지가 서로 맞닿아 있다가
나무껍질이 찢어져 나무 속 세포가 서로 맞닿아
하나의 나무로 자란답니다.

옻나무를 만지면 왜 가려운가요?

옻나무에서는 '옻' 이라고 하는 액이 나와요.

가구에 칠하면 반짝반짝 윤이 나는 옻은

약재로도 쓰여요.

그런데 옻이 든 음식을 먹거나 옻나무를 만지면 두드러기가 날 수 있어요. 이것을 옻이 올랐다고 하는데, 옻에 들어 있는 우르시올 때문이랍니다. 우르시올은 알레르기성 피부염이나 호흡 곤란을 일으키는 물질이에요.

모든 사람에게 그런 것은 아니고 알레르기성 체질인 사람에게만 나타난답니다.

옻이 오르면 얼굴, 손, 발, 목 등에 좁쌀만 한 발진이 생기고 이것이 터지면서 진물이 나고 몹시 가려워요. 물집이 터지면 세균이 들어가 부스럼이 될 수 있으니 얼른 치료를 해야 한답니다.

나무는 얼마나 오래 살 수 있나요?

나무는 한번 싹을 틔우고 자라면 여러 해 동안
꽃을 피우고 열매를 맺는 여러해살이 식물이에요.
보통 몇십 년에서 몇백 년 동안 살 수 있답니다.
지금 세계에서 가장 오래 산 나무는
미국 캘리포니아 주 화이트 산맥에 있는
브리스틀콘 소나무예요. 나이가 무려
오천 살 정도 된답니다.
우리나라에서 가장 나이가 많은 나무는
경기도 양평의 용문사에 있는 은행나무예요.
나이는 천이백 살 정도 되었답니다.

어험~
그래, 넌 이제 겨우
천이백 살이냐?
오천 살?
아이구
할아버지!

56
단풍나무 수액은
왜 단가요?
가자! 봄이다.
포도당으로 교체!
그래~ 그래. 많이 나와라.
녹말

수액은 나무 속에 흐르는 물이에요. 하지만 그냥 물이 아니고 양분이 들어 있는 물이랍니다. 나무는 잎에서 광합성을 하여 녹말을 만들어요. 녹말은 아무 맛이 없답니다. 하지만 겨우내 뿌리에 저장되었던 녹말이 영양분으로 쓰이기 위해 나무 전체에 퍼질 때는 단맛이 나는 포도당으로 바뀌어요. 수액에 이 포도당이 섞여 흐르기 때문에 단맛이 나는 거랍니다. 특히 단풍나무 수액은 다른 나무의 수액보다도 더 달아요. 3, 4월이면 새잎을 키우기 위해 수액이 활발히 나무 속을 흘러요. 그때 단풍나무에 구멍을 뚫어 놓으면 많은 수액을 받을 수 있어요. 이 수액을 졸이면 단맛이 더욱 진해져 단풍나무 시럽을 얻을 수 있답니다.

57 겨울에도 나무 속의 수분은 왜 얼지 않나요?

날이 추워지면 물이 꽁꽁 얼어 버려요.
그럼 나무 속에 흐르는 물은 어떨까요?
물이 얼어 버리면 나무는 살 수 없을 텐데
어떻게 여러 해를 살까요?
나무의 몸속에 흐르는 물은 얼지 않아요.
왜냐하면 나무의 몸속을 도는
물은 뿌리에서 빨아들인 영양분이
함께 섞여 있기 때문이에요. 그냥 물은
온도가 0도면 얼지만, 물에 여러 가지
영양분이 섞여 있으면
0도보다 훨씬 더 낮아야
언답니다.

그래서
나무는 어지간한
추위에도 얼지 않아요.
우린 몸 안의
물이 0도보다
훨씬 낮아야 얼어.

가지치기는 왜 하나요?

“어머, 아저씨! 왜 나무를 자르시는 거예요? 나무가 아파한단 말이에요!”
나뭇가지를 자르고 있는 아저씨를 보고 화가 난 어린이가 소리를 지르네요. 오해하지 마세요. 아저씨는 가지치기를 하고 있는 거예요. 가지치기는 초가을에서 봄 사이에 가지가 너무 빽빽하게 자라지 않도록 곁가지를 잘라 주는 거예요. 그러지 않으면 햇빛을 골고루 받지 못해 튼튼하게 자랄 수 없어요. 특히 과일이 열리는 나무는 가지치기를 해 주어야 탐스런 과일이 열린답니다. 가지치기를 하면 나무 모양도 예쁘게 다듬을 수 있어요.

더욱더 튼튼하게
자라게 하기
위해서야.
지금 뭐하시는
거예요! 나무가
아프잖아요!

산림욕이 뭐예요?

"으으~, 몸이 찌뿌듯한데 산림욕이나 하러 갈까?"

"산림욕이라니요? 그게 뭐예요?"

산림욕은 숲을 거닐거나 숲에 온몸을 드러내고 숲의 기운을 쐬는 거예요.

숲에는 나무가 내보내는 피톤치드라는 물질이 나와 있어요. 피톤치드는 나무 주위의 세균이나 해충을 없애는 물질이랍니다. 숲 속에 있으면 이 피톤치드가 우리 몸의 나쁜 세균도 없애고, 초록색이 스트레스도 날려 보내 몸이 가뿐해진답니다.

우아~
정말 좋다.
음~
맑은 공기.
왜들 그래?

알쏭달쏭한 식물이야기

상추를 먹으면 왜 졸려요?
감자와 고구마는 뿌리예요, 줄기예요?
벌레를 잡아먹는 식물은 뭐예요?
알쏭달쏭한 식물에 대한 궁금증을
풀어 보아요!

이 세상에서 가장 큰 꽃은 무엇인가요?

이 세상에서 가장 큰 꽃은 라플레시아예요. 필리핀, 말레이시아, 자바 등 동남아시아의 숲에서 살아요. 꽃 크기는 지름이 1미터나 되고 꽃이 피는 데 한 달이나 걸려요. 하지만 아쉽게도 3~7일 만에 져버린답니다. 라플레시아는 잎과 줄기, 뿌리가 없어서 다른 식물에 기대서 살아요. 또 꽃가루를 옮겨 주는 파리를 불러들이기 위해서 썩은 고기 냄새를 풍긴답니다.

냄새~

식물도 음악을 들을 수 있나요?

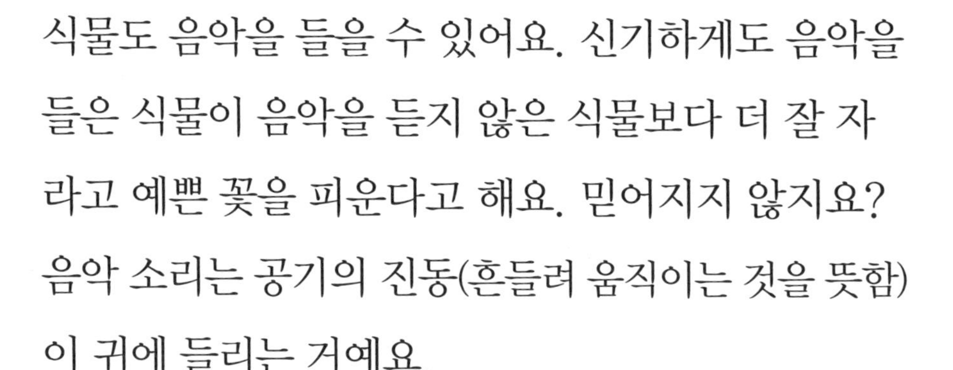

식물도 음악을 들을 수 있어요. 신기하게도 음악을 들은 식물이 음악을 듣지 않은 식물보다 더 잘 자라고 예쁜 꽃을 피운다고 해요. 믿어지지 않지요?
음악 소리는 공기의 진동(흔들려 움직이는 것을 뜻함)이 귀에 들리는 거예요.
그런데 식물은 귀가 없는데 어떻게 음악을 들을 수 있을까요? 엄밀히 말하면 식물은 음악을 듣는 게 아니에요. 음악이 울려 퍼질 때 나는 진동이 식물 세포를 두드리는 거예요. 그러면 세포 전체에 활력이 넘치면서 광합성도 활발히 일어나 잘 자라게 된답니다.
대신 음악은 조용한 클래식이어야 한답니다.

어때, 신 나지?
예쁘게 자라렴.
쿠쿠!
음~
좋네.

꽃말은 어떻게 짓나요?

개나리의 꽃말은 희망, 채송화의 꽃말은
순진, 할미꽃의 꽃말은 슬픈 추억…….
꽃말은 꽃의 특징과 성질에 따라 의미를
붙인 말이에요.
꽃은 장소와 때, 보는 사람의 마음 상태에 따라
느낌이 달라요. 그래서 세계 여러 나라의 사람들은
꽃말을 만들어서 자신들의 기분을 전하곤 했어요.
페르시아나 아라비아에서
시작되어 전해졌다고
하는데, 정확히 언제,
누구에서부터

시작되었는지는 알 수 없어요.
꽃말은 꽃의 전설과 역사,
이름, 성질, 색깔에 따라
이름을 붙이는데, 같은
꽃이라도 나라마다
꽃말이 다르답니다.
영국은 노란 장미의
꽃말이 '질투' 이지만,
프랑스는 '무성의' 이랍니다.

감자와 고구마는 뿌리예요, 줄기예요?

동글동글 감자, 길쭉길쭉 고구마는 모두 땅 위에 줄기가 뻗어 있고 열매는 땅속에 있어요. 그럼 감자와 고구마는 뿌리일까요? 아니에요. 감자는 땅속에 있는 줄기 마디로부터 가는 줄기가 나와 그 끝에 영양분이 모인 덩이줄기예요. 감자에 오목하게 팬 눈 자국이 있는데, 그 자국에서 작고 어린 싹이 돋아나는 거지요. 감자는 덩이줄기라서 잔뿌리가 없답니다. 고구마는 줄기가 길게

땅바닥을 따라 번으면서 뿌리를
내려 영양분이 모인 거예요.
뿌리가 자란 것이므로
고구마에는 잔뿌리가
달려 있답니다.

64 겨울이면 왜 나무줄기에 짚을 두르나요?

날이 추워지면 나무줄기 중간 부분에 짚을 둘러놓아요. 마치 겨울을 따뜻하게 보내라고 옷을 입혀주듯 말이에요. 왜 그럴까요?

이것은 해충을 잡기 위해서예요. 날이 추워지면 나무에 있던 벌레들이 추위를 피해 나무줄기에 둘러놓은 짚 속으로 들어와요. 그 속에서 알도 낳고 겨울잠을 자면서 겨울을 나지요.

봄이 오면 나무에 두른 짚을 떼어 내 태워 버려요. 그러면 짚 속에 있는 해충을 손쉽게 잡을 수 있답니다.

65 연근은 왜 구멍이 뚫려 있나요?

연근은 땅속에 묻혀 있는 연의 줄기예요. 연은 물에 사는 수생 식물로, 줄기와 뿌리는 물속에 있고 입자루가 길게 나와 잎을 물 위에 띄우고 있어요. 숨을 쉴 때는 연잎에 있는 기공으로 공기를 들이마셔요. 그런데 잎에서 들이마신 공기가 물속에 있는 줄기와 뿌리에까지 가려면 힘이 들어요. 하지만 연근에 구멍이 나 있어서 잎에서 들이마신 공기가 잎자루를 지나 뿌리까지 전달이 된답니다. 연근의 구멍이 연뿌리에서 잎자루, 잎 가장자리까지 연결돼 있거든요.

66 상추를 먹으면 왜 졸려요?

락투신

락투세린

"아함~ 왜 이렇게 졸리지?"

"너 혹시 점심에 상추쌈 먹었니?"

"그렇긴 한데……. 상추쌈을 먹으면 왜 졸리지?"

상추 줄기에는 우윳빛 즙액인
'락투세린'과 '락투신'이
들어 있어요. 이 물질은 최면과
진통 효과가 있어서 상추를
많이 먹으면
잠이 온답니다.

세상에서 가장 큰 나무는 무엇인가요?

미국 캘리포니아에 세쿼이아 국립 공원이 있어요.
세쿼이아 나무는 미국 캘리포니아에서만 자라며
전 세계적으로 그 수가 많지 않아요.
그래서 이 나무가 자라는 곳을 국립 공원으로 정해
보호하고 있답니다. 이 세쿼이아 국립 공원에
세상에서 가장 큰 세쿼이아 나무가 있어요.
키가 83미터, 줄기 지름은 약 10미터나 돼요.
엄청난 크기에 걸맞게 이름도 '셔먼 장군' 이라고
부른답니다. 얼마나 큰지 나무 밑동의 갈라진
사이로 자동차가 지나다닐 수 있을 정도예요.

벌레를 잡아먹는 식물은 뭐예요?

움직이지도 못하는 식물이 벌레를 잡아먹는다니 놀랐지요? 벌레를 잡아먹는 식물을 '식충 식물'이라고 해요. 대부분 비가 많이 오는 곳이나, 연못이나 늪과 같은 습지에 살기 때문에 광합성을 잘 하지 못해요. 그래서 동물을 잡아먹어서 부족한 영양분을 보충한답니다. 식충 식물은 곤충을 잡는 방법에 따라 여러 종류가 있어요. 잎 끝에 있는 주머니에 소화액을 담아 두었다가 곤충이 빠지면 영양분을 빨아먹는 벌레잡이통발, 잎을 벌리고 있다가 벌레가 앉으면 재빨리 잎을 닫아 버리는

파리지옥, 끈끈한 샘털에 곤충이
달라붙으면 샘털과 잎을 움직여
꼼짝 못 하게 하는 끈끈이주걱,
뿌리 없이 연못에 떠서
자라면서 물과 함께 벌레를
빨아들이는 통발 등
다양해요.
식물이라고 해서
연약하기만
한 것은 아니네요.

고추는 왜 매운가요?

"풋고추를 된장에 콕 찍어서 한입…….
아악, 매워!"
"아빠, 작은 고추라고 만만하게 보셨지요?"
고추가 이렇게 매운 것은 캡사이신 때문이에요.
캡사이신은 고추씨와 껍질에 들어 있어요.
고추가 매운 것은 자신을 보호하기
위해서예요.
고추의 매운맛 때문에 동물들이
고추를 먹지 않거든요.
하지만 새는 매운맛을
모르기 때문에
고추를 쪼아
먹는답니다.

식물도 스스로 체온 조절을 하나요?

식물이 체온 조절을 한다면 믿을 수 있겠어요?
말도 안 된다고요? 놀라지 마세요.
앉은부채와 연꽃, 필로덴드론셀로움이란
식물은 주위 온도가 변하는데 따라 자신의
체온을 조절한답니다.
필로덴드론셀로움은 주위 기온이 4도이면
꽃의 온도는 38도, 주위 기온이
39도이면 꽃의 온도는 46도가
돼요. 연꽃은 기온이 10도 아래로
낮아지면 꽃의 온도는
32도를 유지
하지요.

앉은부채는 날씨가 영하로 추워져도
꽃은 항상 22도 정도가 돼요.
이들 식물이 체온을 조절하는 것은 곤충들에게
따뜻한 자리를 마련해 주어 꽃가루를 잘 옮겨
주기를 바라는
마음에서예요.

뿌리 없는 식물도 있나요?

새삼씨라는 식물이 있어요.
새삼은 칡이나 쑥 등에
붙어서 수분과 영양분을
빨아먹으며 살아요.
그래서 뿌리가 없답니다.

다른 식물에 붙어서 영양분을 빨아먹고 살기 때문에 광합성을 할 필요도 없어서 초록색 색소인 엽록소도 없지요. 누런 밤색의 덩굴로 다른 식물을 감고 올라가며 자라는데, 잎은 2밀리미터도 안 되는 비늘 모양이에요.

8~10월에 흰색의 작은 꽃이 이삭 모양으로 여러 개 모여서 피고, 깨알만 한 씨앗이 열린답니다.

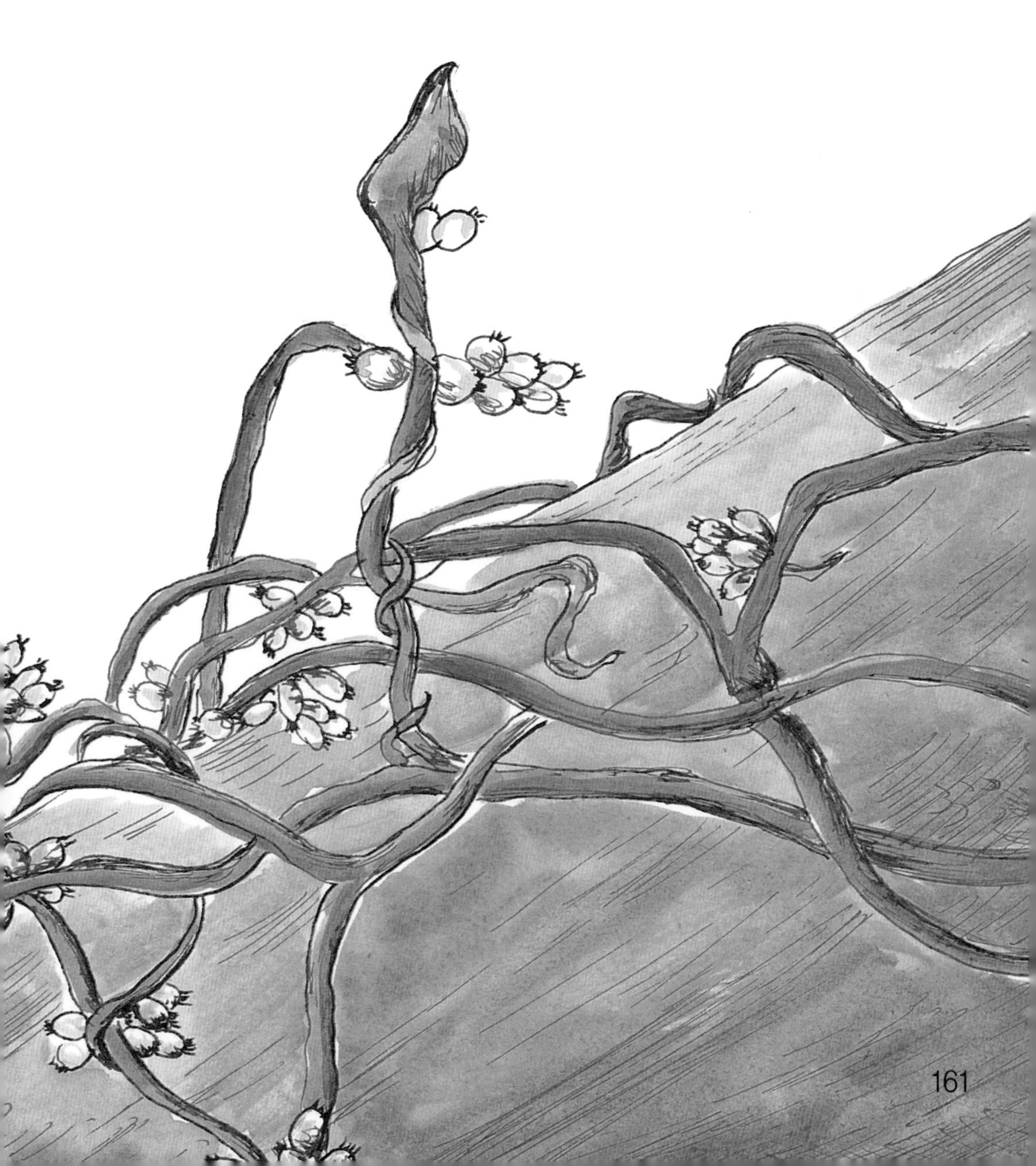

움직이는 식물도 있나요?

식물은 움직이지 못한다고 했지요?

그런데 드물지만 움직이는 식물도 있답니다.

바로 '미모사'와 '무초'라는 식물이에요.

미모사는 손가락으로 잎을 톡 건드리면 밑으로

처지며 작은 잎이 오므라들어 마치 시든 것처럼 보인답니다. 밤에도 건드리면 마찬가지로 잎이 처지고 오므라들어요. 미모사가 잎을 오므리는 것은 수분을 빼앗기지 않기 위해서랍니다.
그리고 무초라는 식물은 음악 소리가 나면 마치 춤을 추듯 잎사귀를 움직인답니다.
식물의 세계는 정말 신비롭지요?

새끼를 낳는 식물도 있나요?

식물이 새끼를 낳는다고요? 그런 일이 가능할까요? 가능하답니다. 더운 나라에 사는 맹그로브 나무가 바로 그 주인공이에요.

맹그로브는 인도네시아, 카리브 해, 방글라데시, 미국 플로리다 남부 해안 등 더운 지역의 갯벌이나, 퇴적물이 흘러 내려오는 바닷가 하구에서 떼를 지어 살아요. 그런데 특이하게도 나뭇가지의

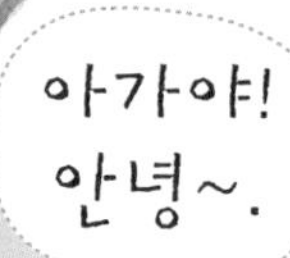

가장자리에서 싹이 나
50~60센티미터 정도 자라면 바다로 떨어진
답니다. 바닷물에 떨어진 새끼 나무는
그곳에서 뿌리를 내리기
시작하지요.
새끼 나무들이 뿌리를
내려 떼를 지어 자라기
시작하면 갯벌 바닥은 밀려온
자갈과 흙 등이 쌓여 점차 육지가 된답니다.

버섯도 식물인가요?

버섯은 맛과 향이 좋고 우리 몸에 좋은 영양분이 많이 들어 있어 요리 재료로 인기가 높아요. 표고버섯, 느타리버섯, 양송이버섯, 팽이버섯 등 종류도 다양하지요.

버섯은 엽록소가 없어 광합성을 하지 못해요. 그래서 혼자 생활하지 못하고 기름진 흙이나 죽은 나무에 있는 영양분을 먹으며 산답니다. 따라서 버섯은 식물이 아니에요. 뿌리, 줄기, 잎이 없는 곰팡이류랍니다. 번식은 버섯 갓 밑 주름진 곳에 생긴 포자가 퍼져서 이루어져요.

〈버섯의 생태〉
포자낭
버섯
포자
팡이실
서로 합쳐서
균사가 된다.
2개의 균사가
붙는다.
양송이버섯
팽이버섯
표고버섯
각시버섯
느타리버섯

75 꽃가루 알레르기가 뭐예요?

"에에~엣취! 아, 눈도 간지러워……."

봄이 오면 눈이 간질거리고 재채기와 콧물이 줄줄 흘러 고생하는 사람들이 있어요. 꽃가루 알레르기 때문이지요. 꽃가루 알레르기는 소나무나 참나무,

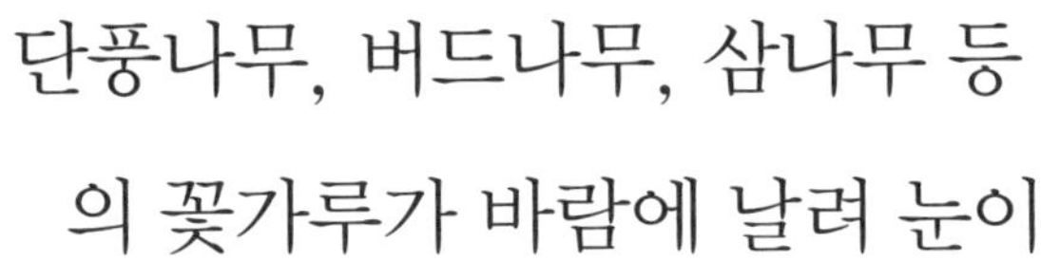

단풍나무, 버드나무, 삼나무 등의 꽃가루가 바람에 날려 눈이

나 코에 들어가 일으켜요.

꽃가루는 세균이 아니므로 우리 몸에 나쁘지 않아요. 하지만 우리 몸을 지키는 세포가 꽃가루가 나쁜 세균인 줄 알고 콧물을 많이 내보내 꽃가루를 밀어내기 때문에 재채기와 콧물이 나는 거랍니다.

하지만 꽃가루에 대한 면역이 있는 사람은 꽃가루가 날려도 알레르기를 일으키지 않는답니다.

76 감자 싹을 먹으면 왜 안 되나요?

"엄마, 아깝게 왜 감자를 깊게 도려내요?"

"으응, 여기에 독이 있거든."

감자 어디에 독이 있느냐고요? 감자를 보면 오목하게 팬 자국이 있어요. 감자의 눈이에요. 여기에서 싹이 돋아나는데, 이 싹과 감자 껍질에 솔라닌이라는 독이 들어 있어요. 먹으면 머리가 아프고, 속이 울렁거리며, 설사를 일으켜요. 그래서 감자에 싹이 돋아난 부분을 칼로 깊게 도려내고 요리를 해야 한답니다. 싹이 난 부분을 두껍게 도려내고 먹으면 괜찮거든요.

도려내야 해요!

산세비에리아가 공기를 깨끗하게 하나요?

"산세비에리아가 공기를 맑게 해 준대.
그래서 네 방에 둘 테니 공부 열심히 해라!"
"말도 안 돼요. 식물은 밤이 되면 이산화탄소를
내뿜고 산소를 들이마시므로 공기를 탁하게
한단 말이에요!"
산세비에리아는 그렇지 않아요.
밤에도 이산화탄소를 들이마시고 산소를
내뿜기 때문에 공기를 맑게 한답니다.
그리고 새로 지은 집에 많은 포름알데히드,
벤젠 등의 환경호르몬을 빨아들이는 능력도 뛰어
나요. 그리고 다른 식물보다도 훨씬 많은 음이온을
내뿜어 실내 공기를 늘 맑게 유지시켜 준답니다.

산소

78 봄이 되면 제일 먼저 피는 꽃은 무엇인가요?

겨우내 꽁꽁 얼었던 땅이 녹고 파릇한 새싹이 돋아나는 봄이 되면 봄꽃들도 서둘러 봄을 맞을 준비를 해요. 그 가운데 가장 부지런한 꽃은 목련이에요.

목련은 4월 중순쯤이면 꽃 가운데 제일 먼저 꽃망울을 터뜨린답니다.

파릇한 잎이 나오기 전에 하얀 꽃잎을 먼저 피우지요.

와~
봄을 알리는
목련이다.

79 갈대와 억새는 어떻게 다른가요?

가을이 오면 가는 줄기에 솜털처럼 하얀 꽃을 달고 바람에 흔들리는 억새를 볼 수 있어요.

억새는 산이나 들에 자라며, 9월에 하얀 꽃이 피고 작은 씨앗이 촘촘히 달려요. 줄기는 텅 비어 있어요.

억새와 비슷하게 생긴 식물로 갈대가 있어요.
갈대는 습지나 호수, 갯가 주변의 모래땅에서
자라요. 가늘고 긴 줄기는 마디가 있고
속은 텅 비어 있어요.
8~9월에 작은 꽃
이삭이 줄기 끝에
달리는데,
처음에는
자주색이었다가
연한 회색으로
변한답니다.

갈대

양파는 줄기인가요, 잎인가요?

둥글둥글한 모양의 양파. 갈색의 얇은 껍질을 벗기면 두껍고 하얀 비늘 조각이 여러 겹으로 둘러싼 모양을 하고 있는 양파. 그런데 이 양파가

잎이라면 믿어지나요?

양파는 양분을 잎에 저장하여 생긴 거예요.

양파가 잎이라는 증거는, 양파에 식물의 잎에만 있는 기공이 있기 때문이랍니다. 그럼, 잎이라면서 왜 흰색이냐고요? 그것은 양파에는 초록색을 띠는 엽록체가 적게 들어 있고, 그나마 엽록체들이 땅속에 묻혀 있어 백색체의 형태로 있기 때문이에요. 백색체는 햇빛을 받으면 엽록소가 생겨서 초록색으로 보이게 돼요. 그런데 양파는 땅속에 묻혀 있어서 햇빛을 받지 못하기 때문에 초록색의 엽록소가 생기지 않아 하얀색으로 보이는 거랍니다.

81 선인장에는 왜 가시가 있나요?

선인장은 비가 잘 오지 않는 메마른 사막에서도 잘 자라는 식물이에요. 물기라곤 찾아볼 수 없는 모래땅에서 어떻게 살 수 있는지 참 신기하지요? 그 비밀은 선인장의 가시에 있어요. 선인장의 가시는 선인장의 잎이 변해서 생긴 거예요. 식물의 잎은 광합성을 하는데, 광합성을 할 때 몸속의 물이 잎으로 올라와 공기 중으로 날아가 버려요. 사막처럼 햇볕이 강하고 더우면 물은 더욱더 활발히 공기 중으로 날아가 버리지요.

물이 없는 사막에서 몸속의
물이 자꾸 공기 중으로 날아가
버리면 선인장은 살 수
없어요.
그래서 선인장의 잎은
가시처럼 얇고 가늘게
변하였답니다.
귀중한 물이 날아가지
못하게 변한 것이지요.

풀 중에서 키가 가장 큰 풀은 무엇일까요?

풀 중에서 키가 가장 큰 풀은 대나무예요.
대나무는 10층 높이의 건물만큼 키가 자란답니다.
대나무는 장대처럼 크고 단단하지만
사실은 풀과 같은 종류랍니다.
어떤 대나무는 하루에 61센티미터나 자란다고
하니, 정말 믿을 수 없을 정도로 빨리 자라지요?
대나무는 낚싯대로 쓰이기도 하고,
가구, 종이, 돛대 등을 만들 때 쓰이기도 해요.

우와
진짜 길다~
10층 높이만큼
크다고?

83 대나무는 꽃이 피지 않나요?

대나무에 꽃이 피지 않는다고요?
그렇지 않아요. 대나무도 꽃을
피운답니다.
꽃을 피우는
시간이 60~100
년에 한 번 꽃을
피우기 때문에
좀처럼 보기
힘들 뿐이지요.
하지만 한 대나무에
꽃이 피면 대나무 밭의
모든 대나무가 일제히

〈대나무 꽃〉

꽃을 피우는 신기한 일이 벌어져요.

대나무는 꽃을 피우는 데 모든 영양분을 다 쓰기 때문에 꽃을 피우고 나면 시들어 죽어 버려요. 번식은 꽃이 아닌, 땅속줄기가 옆으로 뻗어 생긴 마디에서 새로운 뿌리와 순이 나와서 이루어져요.

물탱크라는 별명을 가진 나무는 무엇인가요?

얼마나 물을 많이 가지고 있으면 물탱크라는 별명이 붙었을까요? 그 주인공은 바로 바오밥나무랍니다. 원줄기는 술통을 거꾸로 놓은 것처럼 생겼고, 세계에서 가장 큰 나무 가운데 하나예요. 바오밥나무가 사는 곳은 덥고 비가 잘 내리지 않는 아프리카 지역이에요. 그래서 비가 한번 내리면 바오밥나무는 양껏 물을 빨아들여 몸속에 가득 담아둔답니다.

그 양은 9만 5,000리터가 넘지요.

목이 마른 사람이 바오밥나무 줄기에서 물을 뽑아 목을 축일 정도라고 하니 어마어마하지요?

아유~
무거워.
목마를 땐
바오밥나무가
최고야.

초판 1쇄 발행 2011년 11월 20일

발행인 최명산 **글** 해바라기 기획 **그림** 김진경 · 김은경
책임 교정 최윤희 **디자인** 김윤신 **마케팅** 신양환 **관리** 윤정화
펴낸곳 토피(등록 제2-3228) **주소** 서울시 서대문구 연희동 631
전화 (02) 326-1752 **팩스** (02) 332-4672 **홈페이지 주소** http://www.itoppy.com

ISBN 978-89-92972-46-8
ISBN 978-89-92972-44-4(세트)